재미있는 터널 이야기

재미있는 터널 이야기

오가사와라 미츠마사(小笠原光雅),
사카이 구니토(酒井邦登), 모리카와 세이지(森川誠司) 저
오오노 하루오(大野春雄) 감수
이승호, 윤지선, 박시현, 신용석 역

| 서언 |

19세기 말 노벨의 다이너마이트 발명으로 터널 기술이 비약적으로 발전하여 단단한 암반을 뚫는 작업이 쉬워졌다. 터널은 산 같은 지상의 장애물을 피해 원활하게 사람이나 물자를 이동시키기 위한 지하공간을 말한다. 철도 터널, 도로 터널, 상하수도 등의 라이프라인인 터널은 사회기반시설의 대표적 시설물로서 역사적으로는 광물자원을 캐기 위한 터널이나 군사목적 터널 등의 여러 가지가 있다.

가장 긴 터널은 수로용 터널로 1944년에 완성된 직경 4.1m, 전장 149km의 뉴욕 웨스트델라웨어 수도 터널이다. 철도 터널로는 혼슈와 홋카이도를 해저로 잇는 53.9km의 세이칸 터널이 세계에서 가장 긴 공용 중인 터널이다. 도로 터널로는 24.5km의 노르웨이 라에달(Laerdal) 터널을 들 수 있다.

위와 같은 긴 터널을 굴착하는 일은 결코 쉬운 일이 아니다. 각종 난공사를 거듭하면서 어려운 문제를 부딪쳐 해결하고 신기술을 개발하면서, 마침내 장대한 터널이 건설되는 것이다. 터널 기술은 다이너마이트의 발명으로부터 신칸센 건설 시 이용된 강재 아치지보공, 터널 기술의 선진국 오스트리아에서 개발된 NATM 공법 등 그 기술은 비약적으로 계속 발전해오고 있다.

터널 공사에는 항상 '난공사'라는 용어가 따라 다닌다. 단층 파쇄대에서 다량의 유출수, 수몰, 지열과의 싸움, 지반의 대변형 등 다양한 난공사에 대한 기록이 있다. 일례로 일본의 오오마치(大町) 터널은 불과 80m의 파쇄대를 돌파하기 위해서 수많은 악전고투를 거쳐 7개월이나 소요되었다고 한다. 터널 공사에는 이러한 유명한 고난의 일화가 있다.

과거 경험에서 체득한 기술로 인해 이제는 재해 발생률의 저하, 공기단축, 건설비용의 절감 등을 달성할 수 있었다. 또 고도의 기술발전으로 장대 터널도 건설할 수 있었다. 미래의 새로운 공간으로 흔히 지하공간과 해양공간이 거론되기 때문에 터널 건설 기술은 필수적이며 더욱 발전된 기술 개발이 요구된다.

본 서는 터널에 관한 작은 의문에서부터 첨단기술까지 다루고 있어 터널에 대한 종합적인 이해가 가능하다. 해설은 가능한 한 쉽게 수식은 최소한으로 줄였으며, 한 가지 질문에 대하여 대답하는 형식으로 정리하였다. 내용에서는 터널에 관련된 일반적인 이야기와 건설 역사, 그리고 터널의 조사, 설계방법, 시공방법 소개를 비롯한 터널 건설 전반에 걸친 내용까지 다양하게 다루었다.

본 서는 토목공학의 개론서인 『재미있는 읽을거리』(편저 : 오오노 하루오) 시리즈의 하나로, 대상 독자는 토목건설계의 대학교 및 대학원, 전문대학(정보대학 포함), 공업계 고등학교, 전문학원 학생을 염두에 두었다. 터널, 토목, 지질계 과목의 참고도서로도 적합하다. 터널에 관심 있는 건설기술자들의 청량제로써 일하는 짬짬이 마음 편하게 읽을 수 있기를 바란다. 마지막으로 기획에서 편집까지 도움을 주신 ㈜산카이도 편집부의 시바노겐고, 요시다 가오루씨에게 감사의 인사를 전한다.

감수 **오오노 하루오**

| 역자 서문 |

지구상에 인간이 존재하면서부터 경제활동의 폭발적인 증가와 사회간접자본 확충에 있어 우리나라의 국토와 자연환경 여건상 터널이란 우리 생활에 없어서는 안 될 존재인 것은 누구나 인정하는 사실일 것이다. 또한 터널기술의 발전으로 다양한 분야에서 그 목적에 맞게 설계, 시공되고 있다. 이처럼 터널이란 그 목적에 따라 의미는 다를 수 있지만 그 중요성만큼은 아무리 강조해도 부족할 것이다.

공학적 측면에서의 터널은 일종의 종합 학문으로서 계획, 지반공학(토질 및 암반), 토목 지질, 구조공학, 환기 및 방재 등을 총망라하는 분야이다. 이처럼 복합적인 구조물 특성상 최근 터널 공사 중 여러 가지 요인에 의한 붕괴로 인하여 인명피해, 경제손실을 야기하는 원인이 되기도 한다.

따라서 이 책은 터널 및 지하구조물 설계에 종사하는 지반공학자들이 기본적으로 알아야 되는 터널공학에 대한 기본이론부터 전문적인 내용까지 전체적인 이해를 돕기 위한 일본의 원본을 국내의 정황에 맞추어 일부 각색하여 출간한 것이다.

또한 터널과 관련된 기초 지식 확충을 목적으로 초·중급기술자 및 대학교 재학생에 이르기까지 누구나 쉽게 읽고 이해할 수 있도록 설명하였다.

이 책에서 소개하고 있는 내용을 충분히 이해한다면 터널공학을 공부하는 공학도나 터널 건설 현장에서 활동하는 초급기술자들의 공학적 능력이 향상될 것이며, 터널 건설 현장에서의 적용성을 쉽게 파악할 수 있을 것으로 생각된다.

지반공학을 연구하고 교육하는 전문기술자의 한사람으로서 이 책의 발간을 계기로 많은 지반공학 관련 기술인들이 터널에 대한 이해와 전문성을 가지게 되었으면 하는 바람이다.

책이 발간되기까지 도움을 주신 많은 분들께 감사의 말씀을 드리며 특히 도서출판 씨아이알에 고마운 마음을 전한다.

2014년 2월

이승호(상지대학교 건설시스템공학과 교수)

윤지선(인하대학교 토목공학과 명예교수)

박시현(한국시설안전공단 여수사무소장)

신용석(한국시설안전공단 진단본부 도시철도실장)

목차

1 터널의 일반

2 터널의 역사

3 터널의 조사 · 설계

목차

4 터널 시공

터널의 일반

1 터널의 일반

터널의 종류에는 어떠한 것들이 있을까? 이는 터널의 역할과도 관련되는데, 일상적으로 자주 목격하는 철도 및 도로 터널이 가장 대표적이라고 볼 수 있다. 그리고 때로는 '이것도 터널인가?' 하고 의아하게 생각한 것들도 있다.

터널은 어떻게 굴착되는 것일까? 왜 그 모양이 둥근 형상인가? 또는, 세계에서 가장 긴 터널은? 가장 깊은 곳에 위치한 터널은? 지하하천이란 뭘까? 대심도 지하란 뭘까? 지진 시 터널은 안전할까? 등등 여러 가지 의문이 발생한다.

본 장은 터널에 대한 이러한 일반적인 질문에 답한 것이다.

터널을 굴착하는 이유는 무엇인가?

선사시대의 터널(동굴)은 혹독한 기후와 외부의 적으로부터 자신을 지키기 위한 피난소나 주거지 또는 묘지로 만들어졌다. 선사시대 이후 터널은 지하 광물자원을 캐거나 군사목적으로 파기도 했다. 그러나 터널의 가장 큰 역할은 지상의 장애물을 피해 원활하게 사람이나 물자를 운송하기 위한 지하공간이라 할 수 있는데, 현대에서는 다양한 목적으로 이용된다.

일반적으로 잘 알려져 있는 터널의 대표적인 이용 방법으로는 철도, 도로, 상하수도 등을 들 수 있는데, 그 외에도 여러 가지 목적으로 터널이 건설된다. 몇 가지 예를 들어보면 다음과 같다.

먼저, 산악지역에서는 발전시설이나 에너지 저장시설에 터널이 이용된다. 발전시설로 대표적인 것으로 지하양수식 발전소가 있다. 이는 야간의 잉여전력으로 물을 상부 댐으로 끌어올려 주간의 전력 수요 증가에 따라 상부 댐에서 물을 낙하시켜 발전하는 것이다. 터널구조물로는 상부 댐에서 발전기실로 물을 끌어오는 도수로 터널과 수압관로, 발전기를 격납하는 대공동(발전소의 경우는 높이 54m × 폭 34m × 길이 210m의 계란형 단면의 지하공동도 있음), 발전에 이용한 물을 하부 댐으로 방류하는 방수로 터널들이 건설되고 있다. 그리고 에너지 저장시설로 이미 건설되어 있는 것으로는 지하 석유비축기지가 있다. 예를 들면, 이와테현에 건설된 구지(久慈) 석유비축기지는 높이 22m × 폭 18m × 길이 540m의 초대형 단면 터널을 서로 다른 10곳에서 뚫어 거대한 원유 탱크로 쓰고 있다.

대도시에서도 공동구 공사가 한창 진행되고 있다. 공동구란 전기, 가스, 통신관로, 상하수도 등의 라이프라인들을 일체화시켜 수납한 터널을 말하는 것으로 지상에서 전선이나 전주를 제거시켜 도시 경관을 향상시킬 수 있을 뿐 아니라, 그 유지관리도 효율적이며 경제적인 장점이 있다. 지하는 지진에 잘 견딜 수 있도록 라이프라인의 내진성도 향상시킨다.

그 밖에 큰 홍수가 났을 때 하천의 범람을 막기 위해 지하조절지 또는 지하하천 터널을 굴착하여 빗물을 유입시키는 공사도 진행하고 있다.

이상과 같이 여러 가지 목적으로 터널이 건설되고 있다. 도로나 철도를 건설할 때도 도시 경관이나 환경 보전을 위하여 고가 도로를 만들지 않고 일부러 터널을 만드는 사례가 늘어나고 있다. 일본의 경우는 2000년 5월에 '대심도 지하의 공공적 사용에 관한 특별조치법(대심도 지하사용법)'이 국회에서 가결되었다. 이로 인해 지하 40m 이상을 공공사업으로 이용할 경우에 한하여 땅주인에게 보상할 필요가 없어졌다(우리나라는 현재 국토교통부에서 법제화 추진 중). 도시 방재와 환경적인 면에서도 앞으로 점점 더 터널구조물의 역할이 늘어날 전망이다.

터널의 종류에는 어떠한 것들이 있는가?

터널을 분류하는 방식에는 몇 가지가 있다. 한 가지는 터널을 이용 방법에 따라 분류하는 것으로, 이에 대해서는 앞의 '터널을 굴착하는 이유는 무엇인가?'에서 소개하였다. 여기서는 그 외의 분류법으로써 터널의 시공방법에 따른 분류를 기술하고자 한다. 터널은 시공방법에 따라 크게 네 가지로 분류된다.

① 개착 공법에 의한 터널(개착 터널)
② 쉴드 공법에 의한 터널(쉴드 터널)
③ 산악 공법에 의한 터널(산악 터널)
④ 침매 터널에 의한 공법(침매 터널)

개착 공법은 지표면에서 소정의 깊이까지 지반을 굴착한 후에 터널구조물을 구축하고 나중에 다시 되메우는 시공방법이다. 개착 공법은 지하구조물을 만들 때, 가장 일반적인 시공방법으로 지표로부터 얕은 위치에 터널을 만들고자 하는 경우에 흔히 이용되었다. 그러나 최근에는 지상의 교통에 대한 영향과 소음 등의 환경문제를 피하기 위해, 또는 기존의 지하구조물이 혼재된 경우에는 쉴드 공법을 이용하는 사례가 늘어나고 있는 추세이다.

쉴드 공법은 쉴드라고 하는 철강제의 원통을 땅속에 넣어 주변 지반의 붕괴를 막으면서 쉴드 전방의 지반을 굴착한 후, 쉴드를 다시 전진시키고, 쉴드 후방은 세그먼트라고 하는 강제 또는 철근콘크리트 부재인 터널 라이닝을 조립하여 터널 전체를 구축하는 공법이다. 일반적으로 쉴드 공법은 개착 공법에 비해 공사비가 많이 들지만 매우 연약한 지반에서도 터널을 시공할 수 있는 방법이므로, 개착 공법을 적용하기 어려운 도시부의 터널 공사에 자주 이용된다.

산악 공법은 원래 산악부의 비교적 단단한 지반을 굴착하기 위한 공법으로, 기본적으로는 지반 자체가 갖고 있는 강도와 지보공(구조물을 만들 때 상부와 측면의 하중을 지지하기 위하여 사용하는 가설구조물)의 강도를 고려하여 지반의 자중에 견딜 수 있는 터널을 만드는 공법이다. 산악 공법은 다시 몇 가지 방법으로 분류할 수 있는데, 그중 현재 가장 표준적인 공법은 NATM(New Austrian Tunneling Method) 공법이다.

NATM은 숏크리트와 록볼트, 강제지보공을 터널의 지보공으로 사용하여 지반을 보강함으로써 지반 자체의 강도에 의해 터널을 구축하는 공법이다. 단, 최근에는 비용이 많이 드는 쉴드 공법을 대신하여 도시부의 미고결 지반에도 NATM 공법이 이용되고 있으며, 시공 시 안전을 위하여 최근 많이 개발되는 보조 공법들이 NATM과 함께 적용되고 있다. 따라서 산악 공법이라는 이름이 붙긴 했지만 도시부의 터널 공사에도 적용할 수 있는 공법이라 할 수 있다.

침매 터널은 침매 공법으로 만들어진 하저 터널을 말한다. 침매 공법은 하구나 항만과 같은 비교적 얕은 하저 터널을 시공할 때 흔히 쓰이는 것으로 미리 터널구조물(침매함)의 일부 또는 전부를 제작해놓고, 물 위로 예항하여 소정의 위치에서 침매함끼리 서로 접합하여 터널을 건설하는 공법이다. 침매함을 설치할 위치에는 미리 홈을 파놓고, 설치 후에는 되메움을 실시하여 터널을 완성시킨다. 침매 공법은 산악 공법이나 쉴드 공법에 비해 자유로운 단면형상을 갖고 있으며, 단면적이 큰 터널을 만들 수 있는 것이 특징이다.

터널은 왜 둥근 것인가?

터널은 열차나 자동차를 통행시킬 목적으로 만들어진 경우가 많기 때문에 터널 단면의 공간을 효율적으로 이용하는 관점에서 보면, 굴착 단면적이 더 작은 사각형 터널이 경제적으로 유리할 수도 있다. 그러나 실제로 건설되는 대부분의 터널은 최소한 천정부가 둥근 형태를 취하고 있다. 이것은 왜 그럴까?

터널을 굴착하면 그 위의 흙이나 암반의 무게가 터널을 짓누른다. 이때 터널이 둥글지 않고 사각이라면 어떻게 될지 생각해보자.

원래, 흙이나 암반은 인장력에는 저항력이 없는 반면에 압축력에는 상당한 저항력을 갖는다. 터널이 사각이라면 그 각진 부분에 힘이 집중되거나, 천정부가 휘어져 인장력에 의한 균열이 발생하여 이러한 부분에서 흙이나 암반이 무너질 수 있기 때문에, 결국은 터널 전체가 붕괴될 수도 있다.

터널 천정부가 둥글면 흙이나 암반의 무게에 의한 힘이 둥근 터널의 벽면을 따라 압축력으로 변화하므로 국부적으로 힘이 집중되지 않는다. 이를 아치작용이라고 하는데, 둥근 터널을 굴착함으로써 발생하는 아치작용을 이용하여 지반의 무게를 지반 스스로가 잘 받칠 수 있어, 사각으로 굴착하는 것보다 튼튼한 터널을 만들 수 있다.

매우 연약한 지반에서 건설되는 쉴드 터널의 경우에는 원형으로 만들어진 콘크리트 또는 강재 세그먼트가 동일한 원리로 지반의 무게를 세그먼트의 원주방향으로 작용하는 압축력으로 변환시켜 지지한다. 그 밖에 교량이나 댐에도 동일한 원리로 큰 하중이나 수압에 견딜 수 있도록 만든 것이 있는데, 이를 아치교와 아치댐이라고 한다.

이와 같이 둥근 모양은 주변 압력에 대하여 저항하는 힘이 강하여 역학적으로는 이상적인 형태라고 할 수 있으며 토목구조물뿐만 아니라 각종 인공물에도 여러 가지 형태로 응용되고 있다.

이미 석기시대에도 지하에 존재하는 광물을 찾기 위하여 지반에 갱도를 팠다고 하는데, 그 갱도의 천정부 형상도 역시 원형을 취하고 있었다고 한다. 아마도 태곳적부터 둥근 형태가 강하다는 원리를 경험적으로 알았던 것 같다.

세계에서 제일 긴 터널은?

기네스북에 기록된 지구상의 모든 종류의 터널 중 가장 긴 터널은 미국 뉴욕에 있는 연장 169km의 '웨스트델라웨어 수도 터널'이다. 직경 4.1m의 터널로 1937~1944년까지 지었다고 한다.

그렇다면 철도(지하철 제외)와 도로 터널은 어떤지 알아보자. 현재 공용 중에 있는 세계 최장의 철도 터널은 일본의 혼슈와 홋카이도를 잇는 세이칸 터널이다. 연장 53.9km 중 23.3km가 해저에 위치하고 있으며 해저 터널로서도 세계 최장이다. 1988년 준공된 이후 현재까지 오랫동안 세계 최장을 고수하고 있다. 2015년 준공 예정인 스위스의 고타르베이스 터널이 완공되면 순위가 바뀔 것이다. 고타르 터널은 연장이 무려 57km에 이른다.

도로 터널로 세계에서 가장 긴 터널은 노르웨이의 '라에달 터널'이다. 연장은 24.51km로 2000년 11월에 개통되었다. 이 터널은 개통 직전에 터널 내부에서 결혼식 행사가 진행된 것으로 알려져 있다.

다음은 국외와 국내에서 가장 연장이 긴 터널에 대한 '연장 BEST 10(시공 중인 것도 포함)'을 철도 터널과 도로 터널로 분류하여 정리하였다.

국외 터널 연장 BEST 10

번호	터널명	준공(년)	연장(km)	국가	용도	터널 공법
1	고타르베이스 터널	2015	57.07	스위스	철도	경암반 TBM
2	세이칸 터널	1988	53.85	일본	철도	재래식 공법
3	유로(영불해저) 터널	1994	50.45	영국-프랑스	철도	쉴드 TBM
4	뢰치베르크 터널	2007	34.58	스위스	철도	경암반 TBM
5	구아다라마 터널	2007	28.38	스페인	철도	쉴드 TBM
6	하코다 터널	2010	26.46	일본	철도	NATM
7	이와테-이티노에 터널	2002	25.81	일본	철도	NATM
8	파야레스베이스 터널	2011	24.67	스페인	철도	쉴드 TBM
9	라에달 터널	2001	24.51	노르웨이	도로	NMT
10	이야마 터널	2013	22.23	일본	철도	NATM

국내 터널 연장 BEST 10

번호	터널명	준공(년)	연장(km)	용도	비고
1	금정 터널	2010	20.323	철도	고속철도
2	솔안 터널	2012	16.2	철도	일반철도
3	원효 터널	2010	13.28	철도	고속철도
4	인제 터널	2015	10.9	도로	고속도로
5	일직 터널	2002	10.3	철도	고속철도
6	황학 터널	2011	9.975	철도	고속철도
7	양남 터널	2015	7.5	도로	고속도로
8	계룡 터널	2015	7.24	철도	고속철도
9	슬치 터널	1999	6.128	철도	일반철도
10	배후령 터널	2012	5.1	도로	국도

세계에서 가장 깊은 터널은 어디에 있는가?

현재 세계에서 가장 깊은 교통용 터널은 일본의 세이칸 터널(세계 최장이기도 함)이다. 세이칸 터널은 해수면에서 약 240m, 해저에서는 약 100m 깊이에 터널이 있다. 아울러 세이칸 터널의 라이벌이라 할 수 있는 유로 터널(도버해협 터널)의 경우는 해수면에서 약 140m, 해저에서는 약 100m 위치에 터널이 있다.

광산의 경우는 어떠할까? 광산은 굴착에 필요한 노력이나 비용, 그리고 채굴된 광석에서 얻는 수입이 비슷하다면 꽤 깊은 곳이라도 갱도를 만들려고 한다. 세계에서 가장 깊은 광산은 남아프리카의 웨스턴디프 광산으로 그 깊이가 무려 약 3,600m에 달한다. 이 광산에서는 다이아몬드나 금 등 고가의 광석이 산출되므로 깊은 곳을 계속 굴착하여도 그 수고에 상응할 만큼의 이익을 얻을 수 있다. 보통 갱도의 온도는 깊으면 깊을수록 올라간다. 이 광산에서는 암반에 물을 끼얹어 식히면서 굴착 작업을 하고 있다고 한다.

터널이나 광산 등은 사람이 들어가기 위해 땅속에 만든 동굴이라 할 수 있는데, 작아도 동굴이라 할 수 있는 것 중 세계에서 가장 깊은 곳까지 파인 동굴은 무엇일까?

그것은 러시아가 1970년부터 콜라반도에서 진행하는 지질조사용 보링공(Kola SG-3라고 함)이라고 한다. 콜라반도는 북유럽의 노르웨이, 핀란드, 스웨덴이 있는 스칸디나비아반도의 접경 지역에 있으며, 스칸디나비아반도와 반대 방향의 남동쪽으로 돌출하여 바렌츠해와 백해를 나누는 러시아령의 북극권 내에 위치한 반도이다. 당초 15,000m 깊이까지 굴착하기로 목표를 세웠으나, 목표에 가까이 갈수록 암반이 매우 딱딱해져 굴착 작업이 거의 진행하지 못했다. 그럼에도 불구하고 1993년에는 14,000m 깊이까지 도달했다고 한다. 지중의 온도는 11,000m 깊이에서 약 200℃까지 올라간다고 한다.

그러나 지구의 직경(약 12,753km)을 감안할 때 불과 0.11%에 상당하는 깊이까지 도달한 것뿐이다. 지구의 외측을 덮는 지각의 두께(약 30~40km)와 비교해도 그 절반에도 미치지 못한다. 즉, 세계에서 가장 깊은 콜라반도의 보링은 지구를 바늘 침으로 약간 찌른 정도에 지나지 않는다. 그만큼 '지구'는 인류에게 실로 '어마어마한 것'이라고 할 수 있다.

도심부 지하에 만든 2층식 터널이란?

일본의 수도권 중앙연락 자동차도(이하, 수도권 차도)는 도쿄 중심부에서 약 40~60km 떨어진 위치에 계획한 순환형의 자동차 전용도로이다. 수도권 차도는 츠루가시마 교차로(사이타마현 츠루가시마시)에서 오메 인터체인지(도쿄도 오메시)까지의 구간은 1996년 3월에 개통되었고, 오메 인터체인지에서 히노데 인터체인지(도쿄도 히노데쵸)까지의 구간은 2002년 3월에 개통되었으며, 나머지 대부분의 구간은 2019년까지 완공 예정에 있다. 오메 인터체인지는 오메시 시가지의 북동부에 위치하기 때문에 하치오지 방면으로 수도권 차도를 건설하려면 오메시 시가지를 통과해야 한다. 지형이나 용지면에서 터널로 시가지 아래를 통과하는 것으로 계획되었으나, 소음 등의 환경 측면이나 도로교통에 대한 영향을 우려하는 행정 및 주민들의 요청과 공사 비용적인 측면에서 터널 시공법으로 개착 터널 공법이나 쉴드 터널 공법이 아닌 산악 터널 공법(NATM)이 적용되었다 (6~8쪽 참조).

이 터널을 오메 터널이라고 하는데, 산악 터널 공법으로 건설되는 일본 최초의 2층식 도로 터널이라고 한다. 오메 터널의 단면을 그림으로 나타내면 다음과 같다. 높이는 약 18~19m, 폭은 약 14~15m나 되며, 1층 부분이 하행선(츠루가시마 방면), 2층 부분이 상행선(하치오지 방면)으로 되어 있다. 오메 터널의 단면적은 230m^2 이상이며, 도로 터널로는 최대 규모의 단면적을 갖는다.

오메 터널은 지표에서 불과 7m 아래의 미고결성 사력층 내를 굴착하여야 하며, 터널 상부에 도시가스관 등의 라이프라인이나 민가가 근접해 있기 때문에 이들에 영향을 주지 않도록 2층식의 대단면 터널을 시공해야 하는 과제를 안고 있었다.

이와 같은 난공사를 어떻게 진행시켰는지 설명하면 다음과 같다. 먼저 2층 부분을 산악 터널 공법으로 굴착한다. 이때, 터널의 천단 침하나 지반붕괴를 방지하기 위하여 미리 터널 천단 부분에 강관을 삽입하거나 터널 각부의 지반을 개량하여 충분히 보강한다. 그런 다음에 2층 부분의 터널 라이닝을 시공하면서 2층 부분의 터널 상판에서 아래쪽으로 H형 강제의 임시 말뚝을 시공한다. 이 말뚝에 의해 2층 부분의 터널이나 그 위의 무게가 지지되므로 1층 부분도 마찬가지로 산악 터널 공법으로 시공한다. 마지막으로 임시 말뚝을 제거한 후 라이닝을 시공하여 터널을 완성시킨다.

이와 같이 침하 대책 공법을 사전에 적용하였기 때문에 이 공사에서는 터널 굴착으로 인한 근접 구조물의 영향은 거의 없었다고 한다.

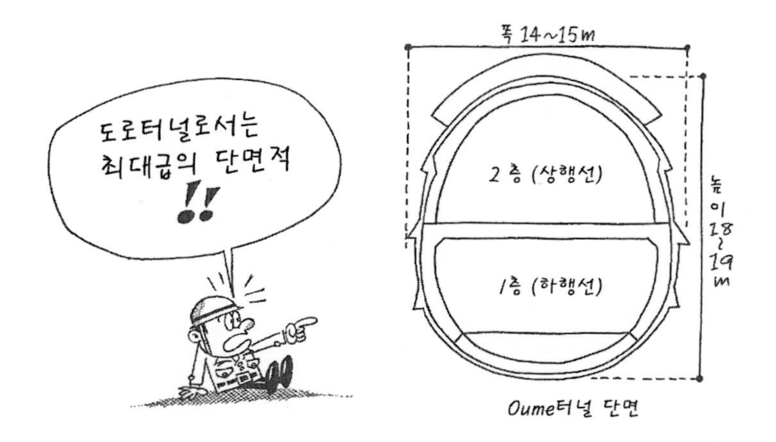

Oume터널 단면

독특한 터널 이용 사례에는 어떤 것이 있나?

지반은 열, 소리, 지진 등의 움직임이 잘 전달되지 않는 성질과 빛이나 자외선, 전자파 등을 차단하는 성질, 그리고 전혀 타지 않는 성질이 있으며 항상 적당한 습기도 있다. 이러한 지반의 특성을 살린 도로나 철도, 상하수도 등의 일반적인 터널 이외에 독특한 터널 이용 방법을 고려하고 있다. 다음은 현재 구상중인 것도 포함하여 터널의 독특한 이용 사례를 정리한 것이다.

지하수족관

이와테현의 구지시(久慈市)에 건설된 지하 석유비축기지를 건설하기 위해 사용되었던 작업용 터널이 지하수족관으로 새로운 모습으로 다시 태어났다. 일본 최초의 지하수족관(모구란피아)은 약 200종의 2,000여 마리 어패류가 사육되고 있다. '대양의 세계'라는 타이틀이 붙은 수조는 작업용 터널 벽에서 조금 떨어진 안쪽에 한 개 터널 형태의 투명한 판을 설치하여 그 사이를 수조로 만들었기 때문에 관람자들 머리 위에서 물고기가 헤엄치는 것을 볼 수 있다. '체험수조'에서는 밀폐된 수조 상부의 공기압력을 줄이고 있기 때문에 물이 밖으로 넘치지 않고 수조의 측면에서 직접 물속에 손을 넣어 물고기에게 먹이를 줄 수 있어 항상 많은 이들이 찾고 있다.

지하 콘서트홀

북유럽에는 지하공간을 이용한 여러 가지 시설이 있다. 예를 들면 핀란드의 '푼카하류'라는 마을에 있는 '리트레티 아트센터'에는 지하공간에 콘서트홀과 미술관, 레스토랑이 있는데, 여름철에만 오픈하는 데도 매년 20만여 명이 찾아온다고 한다. 일본에서도 '롯코(六甲) 심포니홀'이라는 지하 음악홀을 롯코 아래에 건설하자는 제안이 나오기도 했으나 경제성이 떨어진다는 이유로 중지되었다.

지하 호텔

호주의 남부 지역에 있는 쿠버페디라는 마을에는 폐광된 오팔광산을 이용한 세계 최초의 고급 지하 호텔이 있다. 전체 50실 중 19실이 지하에 있으며, 지하방은 튀어나온 바위가 그대로 벽을 이루고 있다. 쿠버페디는 사막 속에 있는 마을로 여름에는 꽤 덥고 겨울에도 춥지만 지하는 연중기온이 25℃ 정도로 일정하기 때문에 마을에서는 호텔뿐만 아니라 일반 주택이나 교회, 레스토랑, 학교까지도 지하에 만들어져 있다. 그 밖에 호주의 뉴사우스웰즈 주에 있는 화이트클리프에도 오팔광산과 같은 지하 호텔이 있다고 한다.

지하 와인 양조장

와인을 장기간 보존, 숙성시키기 위해서는 온도를 15℃ 정도로 유지하여 적당한 습기 하에서 빛과 진동을 가능한 한 피해야 한다. 따라서 지하 환경은 와인의 보존과 숙성에 적합하기 때문에 대부분의 양조장에서는 지하공간을 활용하고 있다.

산악부의 지하식 청소공장의 구상

자연경관을 훼손하지 않고 주변 환경과 조화를 이룰 수 있는 시설로써 주변에 사람이 살지 않는 산악부에 지하식 청소공장을 만들었다. 현재 그 실현을 위하여 지속적으로 조사 및 연구가 진행되고 있다.

방사성 폐기물 처리에 지하 터널을 활용한다?

현재 일본의 원자력 발전 핵연료는 재활용하는 것이 기본 방침이다. 사용된 핵연료를 재처리하여 새로운 우라늄 연료를 만들 때에는 고준위 방사능을 가진 폐액이 발생된다. 이 폐액은 스테인리스 용기에 용해된 유리와 함께 넣어 고화시켜 화학적으로 보다 안정된 형태로 만들어지는데, 고준위 방사성 물질임에는 변함이 없다. 이를 고준위 방사성 폐기물이라고 한다.

현재 고준위 방사성 폐기물은 재처리 시설 주변에 격리되어 관리되고 있는데, 최종적으로는 우리들의 생활권 내에서 가능한 한 격리하여 처분해야 한다.

고준위 방사성 폐기물의 처분으로 몇 가지 방법들이 검토되었다. 첫 번째는 방사능 정도가 충분히 저하되는 수만 년 후까지 지상에서 영구 보관하는 방법이다. 그러나 이것을 과연 후손들이 대대손손 지속적으로 관리해 나갈 수 있을까 하는 의문이 남는다. 두 번째는 해양처분, 즉 깊이 수천 m의 바다 속에 방사성 폐기물을 버리는 방법이다. 실제로 과거에 이 방법으로 방사성 폐기물을 처분했던 나라도 있으나, 현재는 국제법상 바다에 버리지 못하도록 금지되었다. 세 번째는 우주처분이다. 방사성 폐기물을 로켓에 실어 대기권 밖으로 방출시키는 것으로, 로켓이 반드시 안전하게 쏘아 오른다는 보장도 없고 도중에 폭발 또는 낙하사고라도 발생한다면 그 피해는 상상을 초월한다. 네 번째는 지중처분이다. 즉, 지하 깊숙한 곳에 묻어버리는 방법이다. 물론 이 방법에도 문제가 있다. 어떤 원인으로 고준위 방사성 물질이 누출되었을 경우, 이 방사성 물질이 지하수의 흐름과 함께 상승하여 언젠가 불쑥 나타날 가능성도 완전히 부정할 수 없다.

유럽 각국에서는 이 지중처분과 관련된 지하 실험시설을 건설하여 다각적인 검토를 진행하고 있다. 일본에서도 수백 m에서 수천 m 정도의 지하에 다수의 터널을 굴착하여 그곳에 고준위 방사성 폐기물을 매설하는 것을 기본적인 방침으로 세워, 동력로 · 핵연료 개발 사업단(현재는 핵연료재활용개발기구)이 그 가능성을 검토하였다. 그 결과, 충분한 조사 하에 선정된 지역에 적절한 방법으로 매설할 수 있다면 일본에서도 지중처분은 가능하다는 보고서가 1999년 11월에 제출된 적이 있다. 2000년 6월에는 법률로 처분 사업자의 설립이 인정되기도 하였다.

고준위 방사성 폐기물은 두 가지 방벽으로 우리 사회에서 격리된다고 한다. 한 가지는 인공방벽이며 다른 한 가지는 천연방벽이다. 고준위 방사성 폐기물은 터널 내에 보관되며, 터널과 방사성 폐기물간에는 벤토나이트(점토의 일종)가 완충재로서 충전된다. 벤토나이트 완충재가 인공방벽이 되며, 주위를 둘러싼 암반이 천연방벽이 된다. 두 가지 모두 콘크리트나 금속 등과는 달리 장기적인 화학적 성질이 매우 안정되어 있어 균열이 없는 상태라면 투수성이 매우 낮기 때문에 방사성 물질의 누출을 막는 데는 아주 적합한 재료라 할 수 있다.

고준위 방사성 폐기물 처분장의 개념은 다음 그림에서 나타낸 수직갱과 빽빽하게 배치된 패널 형태의 처분 터널 군으로 구성되어 있다. 다음과 같은 터널을 적절하게 설계, 시공하기 위해서는 대심도의 수직갱이나 처분 터널을 합리적으로 시공하는 기술, 터널 주변의 지반이 약해지지 않도록 굴착하는 기술, 방사성 폐기물을 설치한 후의 터널 폐쇄기술 등 터널과 관련된 많은 기술적 과제를 해결할 필요가 있다.

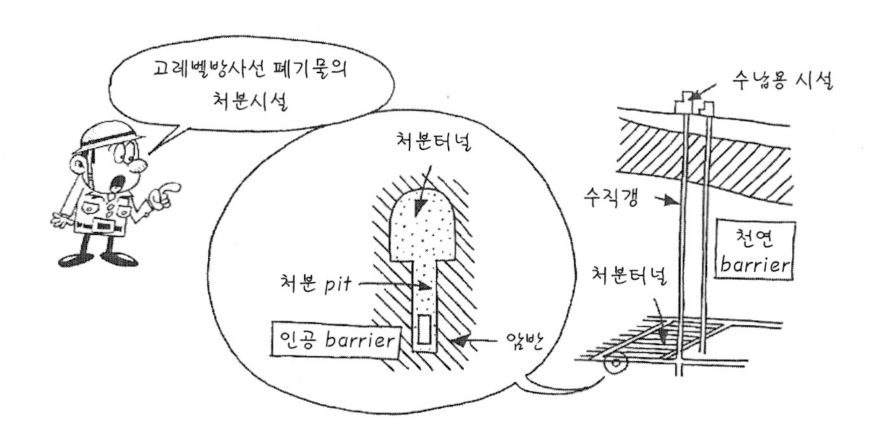

터널과 광산 갱도는 어떤 점이 다른가?

1998년에 발생한 페루의 일본 대사관 점거 · 인질사건은 매우 충격적인 사건이었다. 이 사건은 특수부대를 외부에서 공관 지하 쪽으로 뚫은 비밀 터널로 투입시켜 테러범들을 제압했다는 이야기로 유명하다. 그러나 이 터널을 만든 건 특수부대가 아니라 광산 기술자들이었다고 한다. 페루는 광산 자원이 풍부한 나라이기 때문에 갱도 굴착 기술이 탁월해 비밀 터널을 뚫을 때에 광산 기술자들을 부른 것이다.

이 사건에서 알 수 있듯이 광산갱도와 토목구조물로써의 터널에는 많은 기술적 공통점이 있지만, 기본적으로는 큰 차이가 있다. 여기서는 터널이나 지하발전소 공동 등의 지하 토목구조물로 대상을 넓혀 광산갱도와의 차이점을 살펴보고자 한다.

우선, 각각의 건설목적에 차이가 있기 때문에 토목구조물로써의 터널과 광산갱도는 그 수명이 크게 다르다. 통상적으로 터널은 도로나 철도, 상하수도 등 사람이나 물건을 이동시키기 위한 반영구적인 토목구조물로 건설된다. 광산갱도는 산속에 있는 광상 · 광맥에 물리적으로 접근하여 광물이나 광석을 바깥으로 운반하는 수단으로 만들어진다. 따라서 광산에서는 광물이나 광석을 캐거나 채굴해도 경제성에 맞지 않으면 필요 가치가 없기 때문에 구조물로써의 공용기간이 토목구조물보다 일반적으로 훨씬 짧다. 이것이 양자의 설계나 시공에 대한 차이점이라 할 수 있다.

터널이나 지하발전소 공동은 수십 년간 사용할 수 있도록 건설된다. 예를 들어 터널이나 지하발전소 공동의 지보공은 주변의 지질 상황에 따라 녹슬지 않도록 방청 작업을 한다. 굴착이 끝나면 2차 라이닝이라고 하는 두께 수십 cm의 콘크리트 내벽을 시공하여 터널의 전체 구조를 장기간의 공용에 견딜 수 있도록 해준다. 광산갱도의 설계는 몇 년 정도 공동을 유지하면 된다는 생각 때문에 갱도가 무너지지만 않으면 기본적으로 무지보이며, 꼭 지보공이 필요한 지질이라도 지보공의 사양은 토목구조물로써의 터널이나 지하발전소 공동보다 간단하게 처리되는 것이 일반적이다.

시공 비용면에서도 차이가 있다. 토목구조물로써의 터널은 지질이 나빠 용이하게 굴착할 수 없는 경우에도 터널의 노선 자체는 대부분 변경할 수 없으므로 다소 비용이 들더라도 여러 가지 공법을 구사하여 완성시켜야 한다. 이에 비해 광산의 경우는 지질이 나빠 굴착하기가 용이하지 않거나 무리하게 굴착해도 타산이 맞는 않는 상태라면 그곳을 포기하고 다른 장소에서 갱도를 구축한다.

그리고 굴착 방법도 다르다. 지하발전소 공동의 경우, 안전하게 굴착하기 위해서 위에서 아래쪽으로 순차적으로 굴착하는 벤치컷 공법이 통상적으로 이용되고 있으나, 광산에서는 완전히 반대로 아래에서 위쪽으로 파는 방법이 이용된다. 밑에서 위쪽으로 파게 되면 중력작용에 의해 저절로 암반이 떨어져 굴착비용이 낮아지기 때문이다.

기존의 터널 기술은 모두 광산기술에서 나온 것인데, 이상과 같이 토목구조물로서의 터널 및 지하발전소 공동과 광산갱도의 설계·시공에 관한 기본적인 방식에는 경제성과 내구성, 안전성에 큰 차이가 있음을 알 수 있다.

광산 갱도를 재활용한다는 것이 정말인가?

1960년대 일본에는 600개 이상의 탄광과 200개 이상의 금속 광산이 있었다. 그러나 지금은 석탄 수요의 감소와 광물자원의 감소 등으로 인해 큰 규모의 탄광은 홋카이도 구시로시의 구시로 탄광뿐이며, 금속 광산도 열 군데[대표적으로 홋카이도의 토오하 광산(납, 아연), 기후현의 가미오카 광산(납, 아연), 가고시마현의 히시카리 광산(금)] 정도만 남아 있다.

폐광된 광산의 대부분은 채굴 당시의 상태로 방치되어 있으나, 새롭게 단장하여 재활용되고 있는 곳도 있다. 재활용 사례로 가장 대표적인 것은 옛 갱도를 그 광산의 역사나 채굴장면을 재현하여 광산 자료 전시장으로 재정비하여 관광용으로 활용하고 있다. 이와 같은 광산의 대표적인 사례를 소개하면 다음과 같다.

호소쿠라 광산(납, 아연), 미야기현

이 광산은 1987년에 폐광되었으나 현재는 '호소쿠라 마인파크'라는 이름의 관광지로 바뀌었다.

오자리자와 광산(동), 아키타현

1978년에 폐광되었으나 '마인랜드 오자리자와'라는 이름으로 1982년에 재정비되었다.

토이 광산(금), 시즈오카현

1965년에 폐광되었으나 1972년에 관광갱도로 재정비되었다.

아시오 광산(동), 도치기현

1973년에 폐광되었으나 1980년에 관광화되었다.

벳시 광산(동), 에히메현

1973년에 폐광되었으나 1991년에 관광갱도화되었다.

광산갱도를 재활용하는 데에는 관광화 이외의 방법은 없는 것일까? 사실은 최첨단 과학의 발달로 큰 역할을 하고 있는 곳도 있다. 다음은 그러한 광산의 재활용 사례를 나열한 것이다.

사가와 탄광(홋카이도)의 무중량 실험시설

물체가 자유낙하하면 하향의 중력과 상향의 관성력이 균형을 이루어, 마치 중력이 없는 듯한 상태가 된다. 사가와 탄광은 1987년에 폐광되었으나, 남겨진 연장 710m의 수직갱을 이용하여 자유낙하 실험을 할 수 있는 세계 최대의 무중량 실험시설(무중력실험센터, JAMIC)이 있다. 자유낙하 거리는 490m이며 10초간의 무중량 상태를 만들어낼 수 있다. 1회 낙하에 약 200만 엔의 비용이 든다고 한다.

가미오카 광산(기후현)의 뉴트리노 관측시설

가미오카 광산에는 지하 1,000m에 직경 40m, 높이 57.6m의 원통형 공동이 건설되어 그 안에 순수한 물이 5만 톤이나 저장되어 있다. 이 거대한 물탱크가 뉴트리노 관측 장치(슈퍼 가미오칸데)이다. 뉴트리노란, 소립자의 일종으로 초신성 폭발이나 핵융합 반응 시에 발생하여 다른 우주광선(우주공간에 존재하는 고에너지 방사선)과 함께 지구에 쏟아져 내리는 것이다. 그러나 우주광선 중에서 뉴트리노만큼은 두터운 암반을 통과할 수가 있어 물탱크의 순수한 물과 반응하여 발광하는데, 뉴트리노만을 관측할 수 있게 된다. 뉴트리노 관측에 따라 별의 진화나 폭발이라는 우주의 진화 메커니즘을 탐구하는 연구가 크게 발전할 것으로 기대된다.

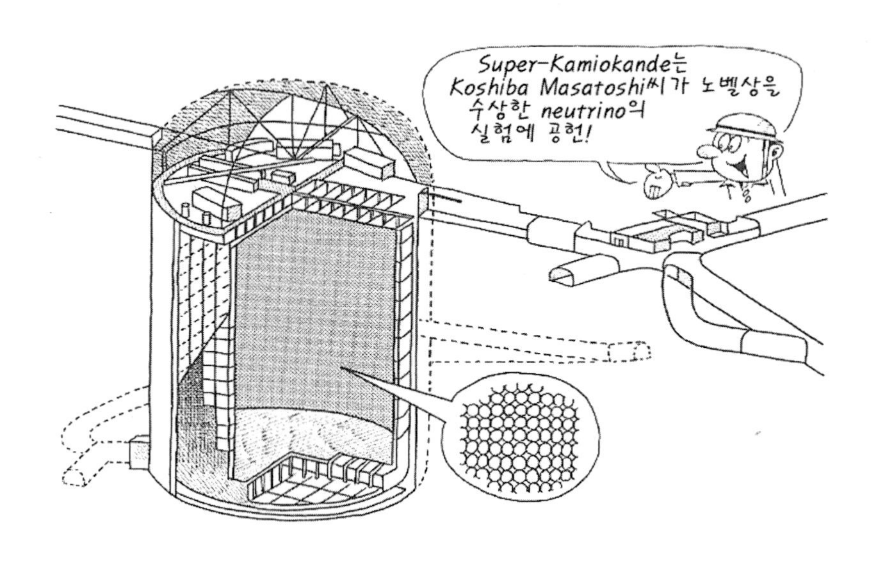

터널을 이용한 달 기지 구상이란 어떤 내용인가?

하늘에서 아름다운 빛을 발하며 떠 있는 달. 이 지구에서 가장 가깝다지만 38만km나 떨어진 천체에 터널을 만드는 구상이 발표된 것은 NASA(미항공우주국)의 주최로 1988년에 미국 휴스턴에서 개최된 달 기지에 관한 심포지엄에서였으며, 발표자는 일본인 연구자였다.

달에는 물론 공기가 없다. 그뿐만 아니라 낮에는 영상 137℃이고 밤에는 영하 190℃인 급격한 온도차 때문에 인체에 위험한 우주광선(고에너지 방사선)이 쏟아져 내리는 매우 극심한 환경을 갖고 있다. NASA에서는 그런 장소에 기지를 만들려면 주위에 많이 존재하는 달의 흙(레골리스라고 함)으로 기지를 두껍게 덮어 그런 환경을 완화시켜야 한다고 생각하고 있었다.

그래서 NASDA(일본우주개발사업단)의 어느 연구원이 이것을 더욱 깊이 있게 연구하여 달 표면에서 작업 로봇이 터널 형태의 달 기지를 만드는 시나리오를 1988년의 심포지엄에서 소개하여 많은 참가자들을 놀라게 했다. 거기서 발표된 터널 형 달 기지의 제작방식을 간단히 소개하면 다음과 같다.

우선, 작업 로봇을 달 표면에 착륙시킨다. 이 로봇으로 달 표면을 고르게 한 후 태양전지, 건전지, 크레인차, 토목작업차 등을 차례로 착륙시킨다. 그리고 토목작업차와 발파(화약으로 암석을 폭파하는 것)작업으로 달 표면에 깊이 5m, 폭 10m의 공간을 만든 후 여기에 직경 3m의 원통형 전열기기를 내린다. 다음은 이 전열기기 위로 흙을 2m 두께로 덮여 전열기기를 이용하여 상부 흙을 단단하게 굽는다. 온도가 더욱더 높아지면 단단하게 굽힌 흙은 유리형태로 융해되므로 윈치로 원통형 전열기기를 견인할 수가 있어, 터널내벽의 기밀성도 높아진다. 마지막으로 전열기기의 테이퍼부에서 터널을 막음과 동시에 출입구나 전원 · 통신 · 공조설비를 로봇이 설치하여 최종적으로 터널 형 달 기지가 완성된다. 이 구상이 발표된 당시에는 2000년경부터 이 무인실험을 시작하여 2010년경부터 달 기지의 운용을 시작한다는 계획을 갖고 있었다.

1980년대 후반부터 1990년대 전반까지는 우주 비즈니스가 세인들의 주목을 끌어 건설회사들이 서로 다투어 달 기지 구상을 발표하기도 했다. 그러나 일본에서는 거품경제의 붕괴로 인하여 건설회사들의 우주열기가 급속히 식어갔다. 또 NASA와 NASDA에 따른 우주개발의 방향성도 달 표면에 대한 개발보다는 우주 정거장 건설 쪽으로 이동되어, 터널 형 달 표면 기지 구상이 언제 구체화될지는 아무도 알 수가 없다. 그러나 실로 꿈꾸어 볼 만한 터널 이용 방법이었다.

터널에 에너지를 비축하고 있다는 것이 사실인가?

지하에 건설되는 터널이나 공동 등에는 항온, 항습, 기밀(불투기성), 화학적 안정, 불연소, 단열, 차광, 차음, 내진, 전자파 쉴드, 방사능 차단, 고강도, 고강성 등의 특성이 있다. 이 특성들을 살려 이미 철도 터널이나 지하상가를 비롯하여 각종 지하시설이 건설되었는데, 그중에는 우리에게 익숙하진 않지만 에너지 비축을 목적으로 한 지하시설도 많이 존재한다.

에너지 비축방법은 다음의 두 가지로 크게 분류된다.

① 석유나 천연가스의 연료 에너지 자원을 지하시설에 저장하는 방법
② 원자력 발전소에서 발전된 야간의 잉여 전력 에너지(전력 에너지는 비축되지 않음) 등을 압력 공기 에너지, 열에너지, 위치에너지, 자기 에너지 등의 형태로 변환하여 저장하는 방법

다음은 이러한 에너지 저장 방법의 대표적인 시설을 소개한 것이다.

■ 연료 에너지 자원을 저장하는 시설

석유 저장시설

국가 석유 저장시설로써 가고시마현의 구시키노(串木野), 에히메현의 기쿠마(菊間), 이와테현의 구지(久慈)에 대규모의 지하 공동군(구시키노와 구지 기지에서는 폭 18m, 높이 22m, 연장 555m의 터널 10개가 나란히 건설되고 있음)이 굴착되어, 3기지만으로 500만kW의 석유를 비축할 수 있으며, 지하수위 이하로 공동을 건설하여 지하 수압으로 누유, 누기를 막는 밀폐 시스템이 적용되었다.

액화 석유가스(LPG)

LPG는 압력 7기압(수면하 70m 위치에서의 수압)정도에서 액화될 수 있기 때문에 지하 수면하의 암반에 공동을 굴착한 후 밀폐 시스템을 이용하여 LPG를 고압・상온에서 액화 저장하는 시설이 외국에서 많이 건설되고 있으며, 일본에서는 오카야마현 미즈시마(水島)에 플랜트가 건설되고 있다. 그리고 천연가스(LNG)의 암반저장은 현재 연구 중에 있다.

■ 전력 에너지를 다른 에너지로 변환하여 저장하는 시설

압축공기 에너지 저장발전소(CAES)

CAES(Compressed Air Energy Storage) 발전소는 야간의 잉여 전력을 이용하여 지하 공동 등에 압축 공기를 저장함으로써 전력 에너지를 압축 공기 에너지로 변환 저장하여, 낮 시간에 그 압축 공기를 함께 이용하여 가스 터빈으로 발전을 하는 발전소이다. 독일의 푼톨프(29만kW)나 미국의 매킨토시 등에서 상용 플랜트를 실제로 사용하고 있다. 일본에서는 홋카이도 사가와(砂川)에서 파일롯트 플랜트가 건설되어 실험 운전을 하고 있다.

초전도 에너지 저장(SMES)

SMES(Superconducting Magnetic Energy Storage)는 초전도재(극저온에서 전기저항이 제로가 되는 재료)로 만든 코일에 영구 전류를 흘려보내, 전기 에너지를 자기 에너지 형태로 저장하는 전력 저장 시스템이다. 소형 SMES는 해외에서 실제 사용된 사례가 있으나, 양수식 지하 발전소(57쪽 참조)에 필적할 만한 대형 SMES에 대해서는 구동 시에 매우 큰 전자력이 발생하므로 암반의 고강도 특성을 이용하여 초전도 코일을 링 형상의 터널 내에 설치·지지하는 방법이 구상되고 있는 단계이다.

열수 저장시설

열수 저장은 공장 등에서 배출되는 열이나 야간의 잉여 전력 등을 이용하여 열수(또는 냉수, 얼음)로서 저장한 후, 호텔이나 오피스 및 주택 등의 냉난방이나 급탕 등에 이용하여 에너지의 이용 효율을 높이고자 하는 것이다. 북유럽 등에서 암반 지하공동에 열수를 저장하여 지역난방에 이용된 사례가 많지만 일본에서는 아직 그러한 이용 사례를 찾아볼 수 없는 실정이다.

대심도 지하란 무엇인가?

'대심도'라는 말이 구체적으로 정의된 것은 1999년 5월 26일에 제정된 '대심도 지하의 공공적 사용에 관한 특별 조치법'에서였다(이하, 대심도 지하사용법). 이 대심도 지하사용법은 일반적으로 이용하지 않는 지하공간을 적절하고 합리적으로 이용하기 위하여 만든 것이다. 이 법률의 적용

범위는 현재 도쿄, 오사카, 나고야의 3대 도시권의 도로나 철도와 같은 공공성이 강한 지하구조물을 만드는 경우로 한정되어 있다.

대심도 지하사용법의 가장 큰 특징은 2001년 봄 이후에 대심도 지하를 개발하는 경우부터 원칙적으로 지상의 토지 소유자에 대한 보상을 하지 않아도 되고 지하철이나 도로 터널 등에서 선형이 좋아지므로 지하를 최단거리로 달릴 수 있거나 급커브가 없어지기 때문에 터널을 저비용으로 신속하고 안전하게 시공할 수 있는 점이라고 할 수 있다.

그렇다면 여기서 '대심도'란 지하 몇 m 이상을 말하는 것일까? 대심도 지하사용법에서는 아래에 열거한 것 중 깊은 쪽의 깊이를 '대심도'라고 정의하고 있다.

① 지하실 건설을 위한 이용이 통상 이루어지고 있지 않는 깊이(지하 40m 이하의 지하공간)

② 건축물의 기초 설치를 위한 이용이 통상 이루어지지 않는 깊이(지지면 위에서 10m 아래의 지하공간)

알기 쉽게 말하면, '대심도'란 '앞으로 개발할 지하공간에 지장이 되는 기존 지하구조물이 존재하지 않고, 지하개발로 인해 공사 중이거나 공사 후까지 지상의 구조물에 영향을 주는 않는 지하 공간'을 말한다.

그러면 '대심도'에는 어떤 지하구조물을 만들 수 있을까? 현재, 도쿄를 비롯한 도시부의 도로 밑에는 지하철, 전기, 가스, 전기통신, 상하수도 등의 관로가 깔려 있다. 1997년 말경 건설성(현재의 국토교통성)이 조사한 바로는, 도쿄도의 각 구내의 국도 1km당 수용되어 있는 관로의 매설 연장은 33km에 달하고 있다는 보고가 있었다. 따라서 새로운 지하구조물을 건설할 경우에는 그러한 것들을 피하기 위해 해마다 이용되는 심도가 깊어지고 있는 상황이다.

이와 같이 이미 '대심도'의 공간에 지하구조물이 만들어져 있다. 예를 들면, 1999년 12월에 개통된 오오에도센 지하철, 간다가와의 지하조정지, 그리고 오사카시 우메다의 지하를 달리는 지중송전선 등이 그런 것들이다. 향후 기대되는 대심도의 지하구조물로는 리니어 철도, 중앙 신칸센, 교통정체의 완화 또는 지상의 경관보호를 목적으로 한 수도 고속도로 등이 있다. 그리고 지하의 특성을 살린 지하공장이나 창고, 연구소 등도 고려되고 있다.

앞으로 '대심도'의 지하공간에 대도시권을 고속으로 연결하는 지하철도나 도로가 정비되고 있어, 교통의 중심이 될 지하와 지상을 잇는 지하 30층의 터미널 기지와 같은 입체적인 도시공간이 완성될 날도 그리 멀지 않은 것 같다.

지하하천이란 무엇을 말하는 것인가?

하천유역에 발달한 도시부에서는 도로나 건축물 등으로 인해 지표가 덮여져 있어 빗물이 지중에 침투할 수 있는 면적이 상당히 감소되어 있다. 이로 인해 최근 도시부에 수해가 더욱 빈번하게 발생하고 있다. 따라서 홍수 피해를 막기 위한 하천의 개・보수 사업, 빗물 저장시설, 강제적인 빗물 지중침투 대책 등이 요구된다.

도쿄에서는 현재 시간당 강우량 50mm에 대응한 치수 정비 사업이 진행되고 있다. 향후에는 시간당 75mm까지 대처할 수 있어야 한다고 하나, 도시부에서는 용지문제로 하천단면을 확대하기가 어려워 새로운 형식의 치수사업이 요구되는 실정이다. 그래서 시작된 것이 지하하천이라는 것인데, 도시부 지하에 터널을 건설한 후 이곳에 초과 빗물을 저장해두었다가 시간차를 두고 배수하는 것이다. 도쿄에는 '환상 7호선 지하하천', 요코하마에는 '가타비라가와 수로', 오사카에는 '나니와 대방수로', 후쿠오카에는 '도우징 우수(雨水)간선' 등이 있다.

환상 7호선 지하하천은 연장 30km, 내경 8.8m 규모의 터널을 쉴드 공법으로 구축하여 시라코가와(白子川), 샤쿠지이가와(石神井川), 간다가와(神田川), 메구로가와(目黑川) 4곳을 포함한 10개 하천의 홍수를 도쿄만으로 끌어와 펌프로 배수한다. 가타비라가와 수로는 지하터널(NATM)과 개착수로를 합친 총연장 7.5km를 구축하는 치수사업이며, 가타비라가와 상류에서 초당 $350m^3$의 유량을 분수하여 하아라타마가와(派新田間川)를 거쳐 요코하마항으로 방출하여 강우량 82mm의 집중호우에도 안전한 유역환경을 확보하고 있다.

도우징 우수간선은 후쿠오카시 다이고 공원 부근의 홍수를 쉴드 공법으로 전노선 하천 직하에 시공된 연장 1.5km, 내경 3.5m의 터널에 저장하여 후쿠오카돔 옆의 하카타만(博多灣)에 펌프로 배수한다.

이 지하하천들의 특징을 정리하면 다음과 같다.

◎ 하천단면을 크게 할 수 있다.

◎ 집중호우에 대한 1차 저장소가 될 수가 있다.

◎ 용지취득에 필요가 없는 도로 직하와 하천 직하를 이용하기 때문에 사업비를 절감할 수 있다.

◎ 땅속 깊이 설치하므로 지표의 구조물에 미치는 영향을 최소화할 수 있다.

◎ 하천을 네트워크화하여 지역적인 강우 변화에 효율적으로 대처할 수 있다.

◎ 긴급성이 높은 장소부터 건설을 시작하여 완성된 곳에서 사업을 시작할 수 있으므로 유연한 사업운영이 가능하다.

최근, 태풍시기가 아닌 경우에도 발생하는 집중호우로 도시부에 수해가 발생하고 있어, 도시의 안전하고 쾌적한 생활을 위하여 지하하천을 포함한 수해대책이 시급하게 요구되고 있다.

터널의 용도로는 어떠한 것들이 있는가?

터널은 그 시공법에 따라 구조도 바뀌는데, 기본적으로는 그 사용목적에 따라 내공단면의 형상이 다르다.

철도 터널

신칸센, 재래선 철도, 지하철 등에 사용된 터널을 말한다. 터널 내에는 열차 주행공간(건축한계)과 함께 궤도, 보수용 통로, 전차선, 신호·통신, 조명, 배수시설 등이 마련되어 있다. 열차의 주행성능을 높이기 위해 종단구배가 완만하므로 철도 터널이 도로 터널보다 연장이 길다.

도로 터널

통상적으로는 2차선 터널의 대면 교통방식이 일반적인데, 터널을 추가로 설치하여 일방향 교통방식으로 취하는 사례가 많아지고 있다. 터널 내에는 차량 주행공간(건축한계)과 함께 포장, 배수설비, 조명설비 등이 설치되며, 터널 연장이 길어지면 환기설비도 설치되어 배기가스의 체류방지와 시야를 확보해준다. 또 자동차 화재에 대비한 설비로 긴급연락설비, 경보 시스템, 소화 등의 방재설비도 중요하다.

상수도 터널

상수도 터널은 일반적으로 단면이 작고 연장이 길기 때문에, 비와호(琵琶湖) 근처에 있는 소스이 터널처럼 산간부나 구릉지 등에 오래전부터 건설된 것들이 있다.

하수도 터널 및 지하하천

하수도 터널은 도시부의 비교적 얕은 위치에서 개착 공법으로 건설되는 경우가 많아, 지반이 연약하고 심도가 깊어지면 쉴드 공법으로 건설된다. 최근에는 도시부의 홍수대책으로 지하하천을 만들어 수로 기능과 함께 빗물저장을 통해 피크 유량을 낮추는 데 활용되고 있다.

전력(통신)구

지하공동구의 대표적인 사례이며, 수용전선과 수용 통신 케이블, 조명, 배수설비, 점검통로 등으로 이루어져 있다.

가스

직접관로만 매설하는 방식과 점검통로 방식이 있는데, 후자의 경우는 조명, 배수 등의 부대설비와 점검·작업용 통로 등으로 구성되어 있다.

지하상가

보도용 터널은 보행자의 안전 확보를 위해 마련하는 터널인데, 그 대표적인 것이 지하상가이다. 건축물의 지하 부분과 연결되는 경우가 많아 조명, 환기, 방재 등 사람의 거주성이 우선시된다. 북유럽에서는 암반 내에 공동을 마련하여 방공호 겸용으로 사용하는 지하거리가 매우 많다.

그 밖에는 다음과 같다.

수력발전용 터널

수로 터널, 유지관리용 도로 터널 등은 앞에서 소개하였지만, 대표적인 것은 지하발전소로 만들어지는 대공동이다. 대형 발전기계가 들어갈 수 있도록 거리는 짧지만 폭이 넓고 높이가 큰 형상이다.

공동구

도시의 상하수도, 전력, 통신, 가스 등을 함께 묻을 수 있는 터널이다.

방사성폐기물 저장용

기존에는 콘크리트로 굳혀진 방사성폐기물은 깊은 바다 속으로 처분하였으나, 현재는 저 레벨 방사성폐기물을 지하에 저장하는 연구가 진행되고 있다.

석유의 지하비축

석유를 비축하기 위한 지하대공동을 말한다.

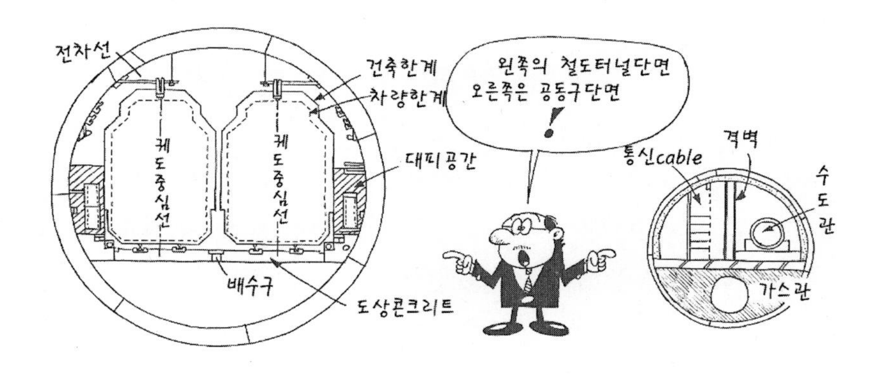

터널의 직상부에 주택을 지을 수 있을까?

이 질문의 대답에는 기술적으로 지을 수 있는가에 대한 '기술적 측면'과 터널 직상부의 용지문제와 관계되는 '법률적 측면'이 있다.

먼저, 기술적인 측면에서는 지하 터널에 영향을 주지 않는다면 주택을 지을 수 있다. 이때 검토해야 할 것은 주택을 짓는 지표면에서 터널 상부까지의 이격(전문용어로는 토피고)이 적은 경우이다. 이 경우 주택의 무게가 터널에까지 영향을 미치기 때문이며, 다른 문제로 터널이 지하철 터널이라면 지하철의 소음이나 진동이 지상의 주택까지 전달되는 것을 고려하여야 한다.

그렇다면 구체적으로 어느 정도의 토피를 유지하여야 주택을 지을 수 있을까? 터널에 대한 영향을 따져볼 때 지상 건물의 무게나 지지하는 지반의 종류에 따라 달라지는데, 경험상 안전 측(보수적)으로 보아서 터널직경의 1.5～2배 이상의 토피고가 유지되도록 하는 것이 좋다.

다음은 법률적인 측면인데, 따지고 보면 '터널 위는 대체 누구의 땅인가?'라는 문제가 발생한다. 이 문제의 대답은, 아무리 터널이 있다고 하더라도 터널 직상부의 땅은 땅 소유자의 것이다. 따라서 터널을 시공하는 기업체가 설계단계에서 땅 소유자에 대해 터널 직상부를 사용할 수 있는 권한이 충실히 보장되는 조건을 만족한다면, 기업체가 땅 소유자에게 보상을 할 필요는 없다. 그러나 땅 소유자가 직상부의 땅에 일정한 하중 이상의 건물을 짓고자 하는 경우에 지하에 터널이 있어 짓지 못할 때에는 해당 기업체에 이에 대한 정당한 보상을 요구할 수 있다.

이 문제의 반대의 경우에는 어떠할까? 즉, '주택이 지어져 있는 직하부에 터널을 뚫을 수 있는가?'라는 문제이다. 예를 들면, 이 경우의 '기술적 측면'으로는 정밀기계공장이나 실험시설 등과 같이, 지상구조물의 용도에 따라서는 직하부의 터널 굴착으로 그 건물을 몇 mm라도 침하시킬 수 없는 경우가 있다. 이 난제에 대처하는 기술로 터널을 굴착하기 전에, 다음 굴착 범위를 사전에 지지 시켜놓고 굴착하는 공법을 생각할 수 있다. 또 터널 내로 들어오는 용수를 허용하지 않아 주변의 지하수위를 저하시키지 않는 굴착 공법도 개발되어 있다. 구체적인 공법으로 전자는 터널 굴착의 보조 공법인 '강관 보강 공법'을 들 수 있고, 후자는 '쉴드 공법' 등을 들 수 있다. 양자에 모두 유효한 공법으로 지반 중에 시멘트 밀크나 물유리 등을 주입하여 지반의 강도 증가나 지수성을 기대할 수 있는 약액 주입 공법도 있다.

‘법률적 측면’으로는 공공용지와 민간소유용지의 취급방법이 다르지만 기본적으로는 터널을 만드는 기업체가 직상의 땅 소유자에게 ‘정당한 보상’을 한 후에 공사를 할 수가 있다. 이 문제에 대해서는 ‘터널 위는 누구 땅이 되는 것인가?’에서 상세히 해설하고자 한다.

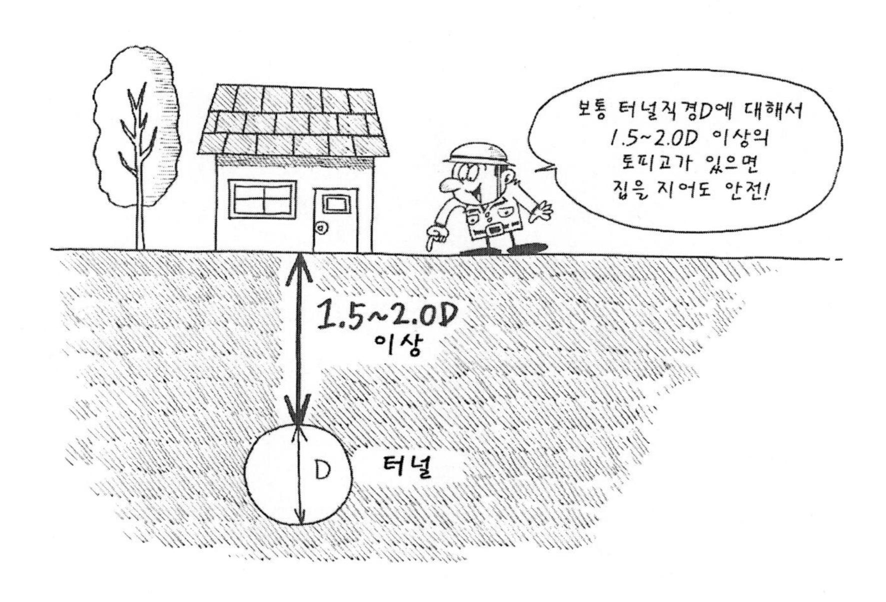

터널 위는 누구의 땅이 되는 것인가?

도시부의 터널 등의 지하구조물 위에는 민가나 빌딩을 세워 도로나 철도가 달리고 있다. 이와 같은 상황으로 판단해볼 때 지하에 어떤 구조물이 있어도 지상의 땅에는 소유자가 존재하고 있다.

그렇다면 대체 터널 위는 누구 땅일까? 일본의 경우에는 민법 제207조에 의해 "토지소유권은 그 토지의 상하 모두를 말한다."고 규정되어 있다. 다시 말해 '위쪽은 하늘 끝까지, 지하는 지구 반대편까지'라는 것이다. 토지소유권이 지하까지 포함하고 있기 때문에 헌법 제29조의 '사유재산의 보호' 규정에서 터널 등의 지하구조물을 굴착하는 경우에도 지상의 땅 소유자에게 '정당한 보상'이 필요하다.

이 질문의 대답은 "일본에는 터널 위는 땅 소유자의 것이며, 그 땅의 지하를 이용하기 위해서는 '정당한 보상'이 필요하다."는 것이다. 단, 이 '정당한 보상'에 대해서는 공공용지와 민간소유용지에는 차이가 있다.

공공용지에 대해서는 '공공물관리법'이 적용되어 지하구조물의 직상부 토지에 대해 점용허가를 받기 때문에 보상은 필요 없다. 반면, 민간소유지는 '토지수용법'에 의해 토지 이용에 방해받는 정도에 따라서 보상이 이루어진다. 특히 도쿄를 비롯한 대도시에서는 땅값이 높기 때문에 지하를 이용할 때 많은 액수의 보상을 요구받을 수도 있다. 이는 장기간 지하를 사용하는 경우에는 '공공용지의 취득에 따른 손실보상요령'등에 의해 다음과 같이 보상액이 결정되기 때문이다.

보상액 = 토지의 정상적인 거래금액 × 입체이용 저해율

여기서 말하는 '입체이용 저해율'이란 건축물로서의 이용에 대한 저해율을 말하는 것이다. 도쿄와 같은 도시부에서는 그 값이 약 40%까지 달하는 토지도 있다. 산간부에 터널을 굴착하는 경우를 예로 들어보면, 터널의 입구부(터널 갱구부)나 지표면에서 터널 상부까지의 토피고가 낮은 땅은 구입해서 소유권을 취득하고, 그 밖에 관련된 땅에 대해서는 토피고를 기

준으로 얕으면 땅 소유자 등의 권리자 승인을 얻어 부분 지상권을 취득하거나 깊어지면 임차로 대응한다.

현행법상으로는 땅 소유자가 통상적으로는 이용하지 않는 깊은 지하라고 하더라도 어느 정도 보상을 해주어야 한다는 것을 이해할 수는 있지만, 이러한 제도하에서는 향후 특히 도시부에서의 지하개발 시 고액의 보상이나 공사의 장기화를 초래할 수도 있다.

이 문제에 대해서는 2001년 봄에 '대심도 지하의 공공적 사용에 관한 특별조치법'이 시행되었으며, 이 법률에서 '대심도'라고 정의된 지하공간을 이용할 경우에는 원칙적으로 터널을 시공하는 기업 측이 직상부의 땅 소유권을 무보상으로 취득할 수 있었다. 단, 사전에 영향이 있다고 판단된 경우는 제외된다. 가령, 대심도 공사로 인하여 지하수위를 떨어뜨리거나 우물이 마를 우려가 있는 경우, 또는 온천이 말라 온천 숙박영업을 할 수 없게 될 우려가 있는 경우 등에는 사전에 보상이 이루어진다. 이 대심도에 관한 법률에 대해서는 31~32쪽을 참조하기 바란다.

지진발생 시, 터널은 일반적으로 안전한가?

교량 등 지상에 건설된 구조물과 지하구조물인 터널은 지진 시의 흔들림이 크게 다르다.

지상 구조물은 구조물 자체가 갖는 진동 타이밍과 입력 지진동(구조물에 작용하는 지진동)의 타이밍이 일치하여 구조물에 에너지가 점점 커지는(증폭되는) '공진현상'에 의해 지면의 2배 이상의 흔들림이 나타나는 건 흔한 일이다. 반면, 터널의 경우에서는 터널 건설 시에 배출된 흙의 무게를 고려하면 주변의 지반보다 터널 부분이 가벼워져 흙이 지중구조물의 공진을 줄이는(감쇄시키는) 기능을 한다. 그러므로 지진 시에 터널 자체의 공진이 지배적으로 나타나는 일이 거의 없어 터널이 주변의 지반과 거의 동일하게 움직인다.

따라서 지진에 의해 터널에 가해지는 힘은 지상의 구조물만큼 큰 폭으로 늘어나지는 않아 피해 정도도 일반적으로 작다고 할 수 있다. 다만, 터널이라 하더라도 개착 터널, 쉴드 터널, 산악 터널 등 구조형식에 따라 피해 형태는 달라진다.

지하철역이나 지하상가, 공동구 등에 이용되는 개착 터널은 지진동이 증폭되는 지표면 부근에 만들어지는 일이 많으며, 그 단면형상도 원형이 아닌 장방형이나 정방형 등 지반의 움직임에 따라 전단 변형이 발생되기 쉽기 때문에 지진 시에는 자주 벽이나 기둥에 피해를 입는다. 내진 성능면에서는 이들 부재가 얼마만큼 잘 견디느냐가 중요한데, 약간의 변형으로도 파손되어 연직하중을 견뎌내지 못하는 경우에는 터널 붕괴와 지면 함몰이라는 큰 피해로 연결될 수가 있다. 1995년의 고베 대지진 때에도 지하철 역사가 이 형태의 피해를 입기도 했다.

실드 터널은 일반적으로 개착 터널보다 깊은 곳에 건설되므로 지진 시의 지반변형이 적고 단면이 원형이라서 변형에 강하기 때문에 개착 터널과 같은 큰 피해를 입는 일이 거의 없다. 과거의 지진피해 사례를 보면 내부의 2차 라이닝 콘크리트에 균일이 일어나 지하수가 새어 나올 정도였던 것이 대부분이다.

산악 터널은 더 견고한 지반에 건설되기 때문에 가까운 거리에서 큰 지진이 발생하더라도 일반적으로 피해가 경미하며, 라이닝 콘크리트에 균열이 발생하거나 일부가 떨어져 나가는 (박락) 정도이다. 그러나 지반조건이 나쁜 갱구부나 단층부근, 또는 팽창성 지반이나 파쇄대가 나타나는 구간에서는 터널에 큰 변형이 발생할 수 있다. 1978년의 이즈오시마(伊豆大島) 근해 지진에서 철도 터널에 이런 사례의 피해가 발생하여 단층 부근에서 라이닝 콘크리트의 붕괴와 궤도의 좌굴현상(긴 막대나 얇은 판에 대하여 종방향으로 가해진 압력이 어느 한계치에 달하면 횡방향으로 변형을 일으키는 현상)이 생겼다.

그리고 이러한 피해를 막는 방법으로 종래에는 부재를 튼튼하게 만드는 '내진구조' 방식이 일반적이었으나, 최근에는 구조물과 지반과의 사이에 완충재를 넣거나 기둥에 특수한 장치를 달아 지진력 자체를 줄여주는 '면진구조' 방식을 시도 중이다.

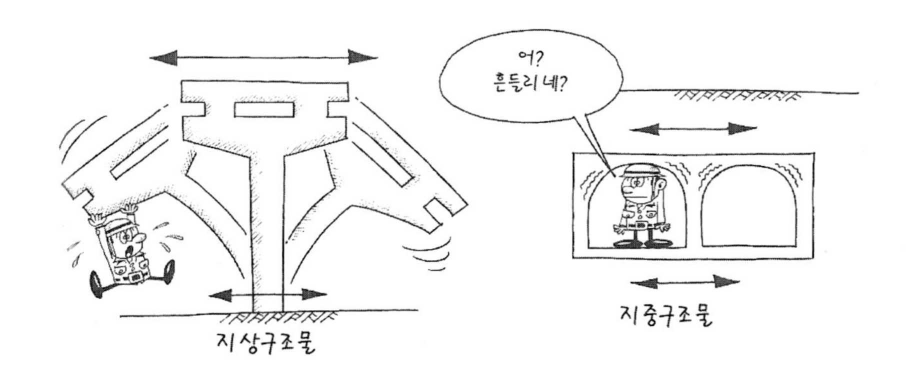

수중 터널이란 어떤 것인가?

교량이나 일반 터널은 자연지형이나 지질에 큰 영향을 받기 때문에 선박의 항해를 고려한 형하고(다리 아래의 자유로운 공간)가 큰 교량이나 깊은 해저를 통과하는 터널에서는 본 구조체의 건설비뿐만 아니라, 교량이나 터널에 이르기까지의 각종 시설에 대한 건설비용도 막대하고 공사기간도 상당한 시간이 소요된다.

그런 관점에서 대두된 것이 바로 수중 터널이다. 이는 침매 터널 공법을 보다 발전시킨 것으로 골짜기가 깊은 해협부 등에도 적용할 수 있고 교량이나 터널이 안고 있는 기존 문제점을 해소할 수 있는 새로운 수단의 대수심 해역에도 대응할 수 있는 기술이다.

단, 수중 터널에서는 대수심 해역을 장거리로 횡단할 때에 자동차를 주행시키려면 대규모의 환기시설이 필요하므로 이에 대한 비용이 커진다.

따라서 자동차를 적재할 카트레인이나 리니어 모터카 등의 새로운 교통 시스템을 이용해야 한다. 그렇지만 단거리 횡단인 경우에는 적절한 단면 설계로 자동차용 터널로도 이용할 수 있는 가능성도 있다.

수중 터널에는 터널에 작용하는 부력보다 총중량이 가벼운 터널을 해저 바닥부에 고정한 앵커(닻)에서 케이블로 고정시키는 것과 부력보다 총중량이 무거운 것이 있는데, 전자의 경우는 해저 바닥부에서 터널을 지지하는 가대가 필요하다.

침매 터널은 되메움 흙으로 인해 부력에 저항하기 때문에 지중구조물로서 파도나 조류, 하천 등의 흐름에 영향을 받지 않지만, 수중 터널은 바다 속에 노출된 상태에서 설치되기 때문에 파도나 기타 흐름에 영향을 받을 뿐 아니라 지진 시의 거동이 땅속과 바다 속에서 서로 달라질 수 있다. 따라서 수중 터널을 실용화하는 데는 파도나 흐름에 대한 해석이나 설계 검토, 지진 시의 거동해석에 관한 연구·개발, 실구조물에 대해서는 계류 케이블과 고정 앵커 등의 연구개발이 요구된다.

지금까지 연구에 따르면 터널 본체는 침매 터널에서의 함체 구조물과 유사한 형태로 강재 연결 볼트를 이용해 철근콘크리트 함체를 서로 접합시키고 있다. 각각의 함체는 고수압에 견디면서 동시에 조류에 대해서도 저항이 적은 타원형이 제안되고 있다. 이 건설방법은 대수심이면서 동시에 조류가 급한 환경조건에서 시공되는 것이므로 신속하고 확실하게 시공할 수 있도록 프레하브(조립식) 공법으로 하는 것이 바람직하다. 이 공법은 먼저 본체인 철근콘크리트 함체를 수중에 건설하기 전에 이를 고정시키기 위한 각종 시설물들을 먼저 육상 제작 후 현지까지 끌고 가서 설치하여야 한다. 그 후에 육상에서 제작된 철근콘크리트 함체를 배로 끌어와 수중에서 각 함체끼리 강재 연결 볼트로 접합시키면서 터널을 만들어야 한다.

수중 터널은 아직 세계적으로도 사례가 없지만 노르웨이의 피욜드 지역에서 검토되고 있다. 아무튼 수중 터널의 실현을 위한 다양한 신기술 개발이 요구되며 앞으로의 연구개발이 기대된다.

대심도 지하실험장이란 무엇인가?

지하실험장은 여러 장소에 여러 가지 목적으로 만들어져 있다. 일본에서는 나가노시 등에 있는 지진 관측시설, 홋카이도의 사가와시나 기후현의 토키시(土岐市)에 있는 무중력 상태의 모의 실험시설, 기후현 가미오카쵸의 우주소립자 관측시설, 이바라키현 츠쿠바시의 고에너지 입자 가속기 연구소, 기후현 토키시의 폐광산을 이용하여 깊은 지하의 지하수 흐름을 관측하는 실험장, 가나가와현 사가미하라시 근교에 있는 도시부에서의 지하개발을 목적으로 한 지하공간 이용 실험장, 그리고 미국의 네바다주에 있는 지하 핵실험장과 지하수 흐름을 관측하는 스위스의 그림젤 지하 연구시설 등을 들 수 있다.

이 중에서도 일본에서 유명한 지하 실험실은 기후현의 우주소립자 관측을 위한 슈퍼 가미오칸데와 가나가와현 도시부의 대심도 지하개발을 목적으로 만들어진 지하공간 이용 실험장 등을 들 수 있다.

전자의 슈퍼 가미오칸데는 초신성이나 태양으로부터의 뉴트리노 관측, 양자붕괴 현상의 연구를 실시하고 있는 시설이며, 그 지하공동의 형상은 직경 40m, 높이 57.6m의 거대한 원형돔 형상을 취하고 있다(25~26쪽 참조).

후자의 지하공간이용 실험장은 수도권의 남서부에 널리 분포되어 있는 지층인 상총층군(上總層群)을 대상으로 한 경제적인 지하공동의 굴착 방법에 대한 실증적인 실험이나 지하심부 개발에 따른 지하수 환경변화의 장기관측, 지하공동에서의 식물 육성실험 등을 실시하고 있다. 이 지하공동의 크기는 세로 6m × 가로 10m의 장방형 단면의 수직갱이 심도 50m까지 굴착되어 그 수직갱의 하부에서 최대 단면으로 폭 8m, 높이 8m인 마제형(말발굽 모양) 단면의 터널이 북서 방향으로 30m 뻗어 있다. 이 터널 내에서 식물 육성실험이나 지하에서의 환기 및 채광실험 등 여러 가지 지하이용 연구가 현재도 활발히 진행되고 있다.

지금까지 지하실험장에 대하여 개략적인 설명을 하였는데, 그중에서 '대심도 지하실험장'이라는 시설이 무엇인지에 대해서는 확실한 정의를 내리지 않았다. 2001년 4월에 시행된 대심도 법안에서 정의된 '대심도'가 적용되는 도시부에 위치하면서 깊이도 40m 이상이라면, 앞에서 언급한 가나가와현 사가미하라시 근교에 만든 지하공간 이용 실험장이 '대심도 지하

실험장'이라 할 수 있을 것이다. 따라서 이 시설을 이용한 실험성과는 앞으로의 대심도 지하개발에 유효한 것이 될 것은 두말할 필요도 없다. 향후 이 실험시설의 이용 방법으로는 지하구조물의 유지관리 방법이나 지하 방재 실험, 지하에서의 인간에 대한 심리적인 실험 등을 고려해볼 수 있다.

당연한 이야기지만 지하는 콘크리트나 강재와 같은 인공적으로 만들어진 것이 아닌, 40억여 년 전의 자연 그대로의 모습을 띤다. 따라서 인간의 상상을 초월한 아직 알려지지 않은 다양한 문제도 존재할 것이다. 앞으로 대심도 지하실험장에서 기대되는 것은 대심도에서 풀리지 않은 문제를 규명하는 것은 물론, 아직 알려져 있지 않는 대심도에서의 다양한 문제점을 찾아내는 것이다.

NATM이란 무엇인가?

NATM이란 'New Austrian Tunnelling Method'의 이니셜을 딴 약칭으로 1950~1960년대 유럽에서 급속히 발달한 터널 안정에 관한 이론을 말한다.

NATM을 정의하면 '터널 주변 지반의 거동에 착안하여 지반이 갖는 지보능력을 적극적으로 이용하여 보다 합리적인 설계·시공을 하는 것'이라 할 수 있다.

일본에서는 1975년경부터 이 NATM 이론이 주류를 이루어왔다. 이 이론을 기초로 숏크리트나 록볼트(206쪽 참조)를 주요 지보로 한 터널 굴착 방법을 NATM 공법이라 부른다.

NATM 이전에는 재래식 공법이라 불리는 굴착 방법이 주류였다. 이 재래식 공법은 터널의 굴착으로 인해 생긴 지반의 하중을 터널의 내측에 설치한 강제 지보공이나 널말뚝(토류벽으로 강제 지보공의 지반 측에 설치하는 것으로서 주로 소나무 널말뚝이 사용됨), 라이닝 콘크리트로 지지하는 것이었다. 따라서 터널의 갱구 부근이나 팽창성 지반, 단층파쇄대 지반 등에서는 작용하는 하중이 크기 때문에 이런 큰 하중에 견딜 수 있는 지보나 라이닝 콘크리트가 필요하여 비경제적이었다고 할 수 있다.

이에 비해 NATM의 큰 차이점은 재래식 공법에서는 터널 바깥에서 터널 내부로 밀려드는 하중으로 평가하였던 암반을 터널을 지지하는 지보재의 하나로 평가한다는 것이다. 터널의 지보나 주변의 지반에는 '지반의 단위 체적 중량×토피고'만큼의 큰 하중이 걸리는 것으로 여겼지만, 토피고가 높은 산지의 터널이나 공동에 작용하는 힘은 전체 토피고의 하중이 작용하지 않고 실제로 지보공에 작용하는 힘이 그보다는 훨씬 작다는 사실을 알게 되었다. 극단적으로 말하면 강한 힘을 가진 암반 속에 터널을 굴착한 경우에는 터널 지보공에는 전혀 힘이 작용하지 않아, 큰 공동 자체만으로도 안정할 수 있다. 이것은 터널이나 공동 주변의 지반이 하중의 대부분을 부담하기 때문이다.

지보공이 분담하는 하중의 비율은 지반의 강성과 지보공의 강성비 및 지보공을 세우기 전에 지반이 미리 변형되는 양 등으로 정한다.

산악 터널을 1M 만드는 데 어느 정도의 비용이 들까?

터널은 도로, 철도, 수로, 발전소 등 여러 가지 목적으로 만들어진다. 각각의 용도에 따라 그 구조물로써의 스타일이 조금씩 다르다. 따라서 일률적으로 터널 공사비를 산정할 수는 없다. 그러므로 여기서는 가장 많은 용도로 사용되는 도로 터널의 공사비를 예로 들어 보았다.

우선, 공사비가 어떤 비용으로 구성되어 있는지를 이해할 필요가 있다. 다음 쪽 상단의 그림을 살펴보자. 이는 일반적인 공사비 산정을 체계화한 것으로써 시공사에 따라 약간 차이가 있을 수 있다.

이러한 비용들이 공사비가 되는 것인데, 공사 목적물을 만들기 위하여 직접 투입된 비용인 직접 공사비와 공사 목적물로 분류되지는 않는 가설비와 현장 관리비 등을 포함한 간접 공사비의 두 가지 요소가 공사비의 기본을 이루고 있다.

토목 구조물은 공장의 제품과 달리 어떤 것이든 완전히 동일한 것은 있을 수 없다. 따라서 엄밀하게는 공사비가 동일한 터널은 존재할 수 없다고 할 수 있다. 기본이 되는 직접 공사비는 굴착공, 숏크리트공, 록볼트공, 버력처리공, 배수공, 2차 라이닝공 등의 공정 종류마다 비용이 적산된다. 즉, 지반조건이 다르면 굴착진행이나 지보의 구조가 다르기 때문에 공사비용도 달라진다. 약 80m^2의 2차선 도로 터널을 1M 만드는 데 필요한 표준 공사비는 지반이 단단해 지보가 적은 경우에 약 170만 엔, 반대로 지반이 약해 지보가 많이 필요한 경우는 300만 엔 정도가 들어간다. 여기에는 용지비용과 설계비용, 대규모 보조 공법(약액 주입이나 강관 보강 공법 등) 등은 포함하지 않는다.

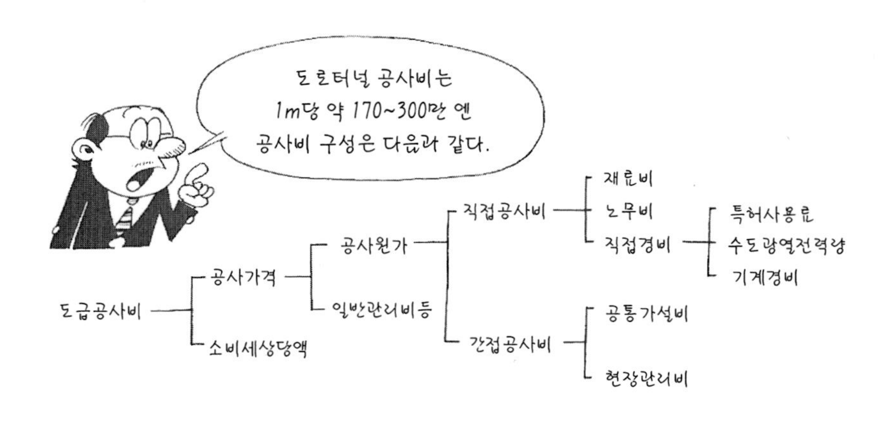

칼럼 1

★일본에서 가장 짧은 철도 터널은?

JR 아가츠마선(군마현)의 타루사와 터널(이와시마 역~가와하라온천 역)은 길이가 불과 7.2m로 일본에서 가장 짧은 터널이라고 한다. 요즘 같으면 바위를 모두 부셔 버릴 수 있는 규모이지만 1945년에 타루사와 터널이 만들어졌다. 제2차 세계대전 말기여서 물자 부족으로 인해 바위를 제거하는 공법을 이용하지 못한 것 같다. 안타깝게도 이 터널은 현재 건설 중인 얀바댐으로 인해 철도노선이 변경되어 몇 년 후에는 폐지될 운명에 처해 있다고 한다.

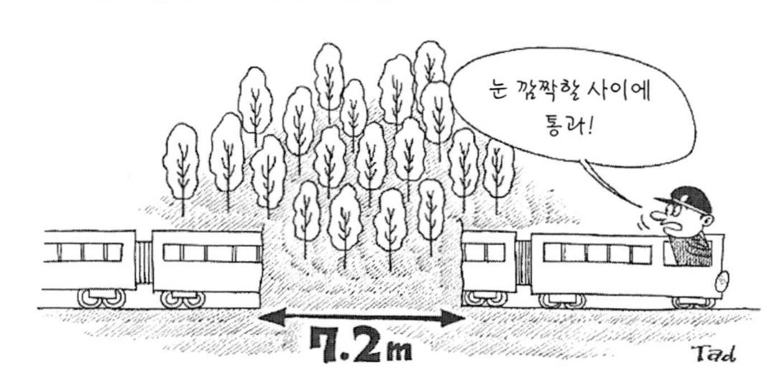

터널 굴착 시 발생하는 유해가스에는 어떤 것들이 있나?

터널 굴착 중에 지반에서 발생할 우려가 있는 인체에 유해한 가스에는 산소결핍 공기나 탄산가스 외에도, 메탄가스 등의 가연성 가스, 일산화탄소, 아황산가스, 산화질소 등이 있다. 이 가스들은 지반내부의 균열이나 공극 속에 잔류되어 있다가 터널 굴착에 의해 자유면으로 용출되거나 돌출되기도 한다.

이 가스들 중 예전에 대폭발을 일으켜 다수의 인명을 앗아간 메탄가스에 대하여 설명하고자 한다. 메탄가스는 니이가타현에서 야마가타현, 아카타현에 걸친 일본 서쪽 해역의 석유가스, 홋카이도의 죠반(常磐)과 북규슈 탄광지대의 탄전가스, 늪에 퇴적된 유기물 등이 부패되어 발생하는 수용성 가스 등에 포함되어 있다. 메탄가스는 무미, 무취, 무색으로 유독성은 없지만 공기에 대해 비중이 0.55로 가볍기 때문에 확인하기가 매우 어렵다.

메탄가스는 대폭발을 일으키는 무서운 가스다. 메탄가스 자체는 가연성이며, 농도가 5～15%에서 산소농도가 12～21%이면 발화물질이 있을 때 폭발을 일으킨다. 그리고 농도가 9.5% 전후에서 가장 폭발력이 강하다. 이 메탄가스로 인한 재해를 막으려면 먼저 주변 지역에서의 과거 가스 발생 이력을 알아야 한다.

이러한 우려가 있다면 보링 등으로 가스의 종류나 양을 확실히 파악하여야 한다. 실제 공사에서 가장 중요한 것은 충분히 환기를 시켜 폭발하지 않을 정도의 농도로 만들어주는 것이다. 그러나 만일이라는 것이 있기 때문에 기본적으로 발화물질을 갱내에 갖고 들어가지 말아야 한다. 갱내에서 전기용접이나 가스 절단 등의 작업을 할 때는 사전에 허가를 받아야 하며, 작업 전에 가스를 측정하고 소화기를 준비하며 환기를 충분히 해주어야 한다. 환기를 충분히 하더라도 폭발농도에 근접할 우려가 있는 경우에는 갱내에서 사용하는 기계나 설비, 즉 굴착기계에서 조명에 이르기까지 모두 폭발 방지용을 활용하여야 한다.

그리고 자체 분출하는 온천이 가까운 곳에 있는 경우에는 화산성 가스가 발생할 우려가 있다. 이 경우에도 사전에 보링을 하여 열수, 지열의 온도, 가스의 종류, 양 등을 조사해두어야 한다. 대표적인 화산성 가스인 황화수소는 공기에 대한 비중이 1.2 정도이며 유독성이다. 노동안전위생법에 10ppm 이하로 유지하도록 규정되어 있기 때문에 충분한 환기를 시켜주어야 한다. 그 밖에 산소농도가 4% 정도인 공기는 산소결핍으로 인해 공기를 들이마시면 순식간에 사망에 이르므로 환기가 가장 중요하다.

이상과 같이 유해 가스의 존재 여부를 사전에 조사하여 그 가능성이 있는 경우에는 충분한 사전검토를 실시하고 환기나 폭발 방지 대책을 검토하여야 한다.

양수식 발전소란 어떤 것인가?

양수식 발전소란 수력발전 방법의 한 가지이다. 수력발전의 구조부터 간단히 설명하면 다음과 같다. 물이 높은 곳에서 낮은 곳으로 떨어질 때 생기는 일양(에너지)을 수력이라고 하며, 그 높이나 수량이 클수록 에너지도 커진다. 이 수력을 이용하여 발전하는 것이 수력발전이다. 수력발전 방법에는 흘러내리는 하천의 물세기를 이용하여 저수지나 조정지 등을 설치하여 발전하는 일반적인 것과 양수식 등이 있다.

이 양수식 발전은 화력이나 원자력 발전의 잉여 전력을 심야 등의 경부하시에 양수용의 에너지로 이용하여, 하부 댐의 저류수를 상부 댐에 양수해두었다가 낮 시간의 과부하 시에 그 물을 하부 댐으로 떨어뜨려 수차를 돌려 발전하는 것이다.

따라서 에너지 개발 차원보다는 콘덴서(필요한 때에 발전을 내도록 하는 축전기)적인 의미를 갖는다.

이 양수식 발전에는 순양수식과 혼합양수식의 두 가지 방식이 있다. 순양수식은 밤에는 하부 댐의 물을 상부 댐으로 양수하고, 낮에는 반대로 상부 댐의 물을 하부 댐으로 낙하시키는 것으로, 같은 저류수를 올렸다 내렸다 하는 것이다. 통상적으로 하부 댐은 하천의 원류부 부근에 마련되어 몇 개월 동안 저수한다. 혼합양수식은 하천에서 상부 댐으로 물을 공급하는 것으로 일반 수력과 양수식 수력을 합친 형식이라 할 수 있다.

이 양수식 발전소의 제1호는 1892년에 운전을 시작한 스위스의 레터 발전소라고 한다. 일본에서는 1934년에 오구치강과 이케지리 강 발전소에서 운전을 시작했다. 그 후 각 전력회사가 여러 곳에 순양수식 발전소를 건설하였다. 중점적으로 개발한 이유로는 ① 전력수요의 증대, ② 부하 변동에 대한 즉각적인 대응성이 높은 점, ③ 다른 자원에 비해 kW당 건설비용이 낮은 점, ④ 심야 등의 경부하 시에 발전을 멈출 수 없는 화력과 원자력 발전의 비율이 늘어난 점 등을 들 수 있다.

알기 쉬운 예로 아주 더운 여름날을 떠올려보자. 그리고 그날은 야구 경기장에서 프로야구 결승전이 열리고 있다. 그러면 당연히 에어컨과 TV사용으로 전력소비량이 한 번에 늘어난다. 그때 피크전력을 고려하여 화력이나 원자력 발전소 등을 건설하는 것은 엄청난 낭비라 아니할 수 없다. 이러한 때에 부족분의 전력을 보급해주는 것이 바로 양수식 발전이다.

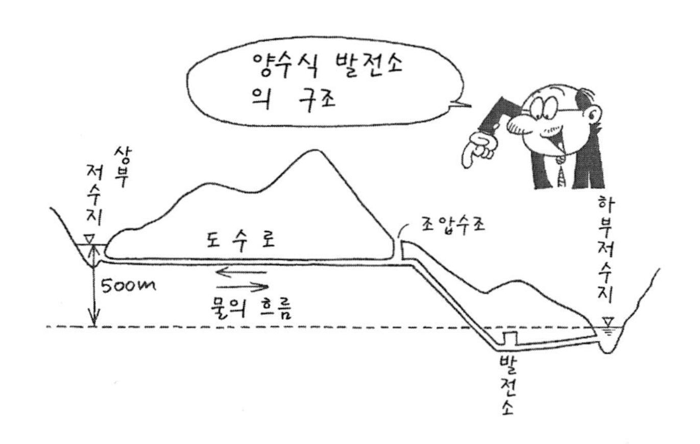

칼럼 2

★터널 용어에는 어떤 것들이 있나?

[가인버트] 굴착에 따른 지반변위를 억제할 목적으로 터널 바닥부에 설치하는 단면 폐합용 임시 지보부재를 말한다.

[계측] 터널 굴착에 따른 주변 지반, 주변 구조물, 각 지보재의 변위 및 응력의 변화를 측정하는 방법 또는 그 행위를 말한다.

[다단발파 방법] 발파 시 진동의 크기를 감소시킬 목적으로 시간차를 둔 발파기를 사용하여 발파영역을 여러 개의 소(小) 영역으로 분할하여 순차적으로 발파하는 방법을 말한다.

[막장] 굴착하고 있는 터널의 최선단부를 의미하며, 굴진면이라고 한다.

[발진 터널] TBM의 초기 굴착 시 TBM 본체의 발진을 위한 터널로써 발파 공법에 의하여 굴착하며, 일반적으로 TBM 본체 길이 정도의 터널을 말한다.

[버력] 터널 굴착 과정에서 발생하는 암석덩어리, 암석조각, 토사 등의 총칭이다.

[스프링라인] 터널의 상반 아치의 시작선 또는 터널 단면 중 최대 폭을 형성하는 점을 종방향으로 연결하는 선을 말한다.

[시설 한계] 터널 이용목적을 원활하게 유지하기 위한 공간적 한계를 말하며, 시설 한계 내에는 다른 시설물을 설치할 수 없도록 규제하고 있다.

[시스템 록볼트] 일정한 간격과 길이로 규칙적으로 배열하는 록볼트 설치형식을 말한다.

[안정영역] 터널의 안전에 영향을 미치는 정도를 규정한 터널 주변의 영역으로써 각 영역별로 터널 안전을 위한 대책을 강구하도록 규제하는 영역을 말한다.

[여굴] 터널 굴착 공사에서 계획한 굴착면보다 더 크게 굴착된 것이다.

[요잉, yawing] TBM 장비의 진행 축방향으로부터 TBM 장비가 좌우방향으로 이동하는 현상으로써, 연직축에 대한 장비의 좌우방향 회전현상을 말한다.

[이완영역] 터널 굴착으로 인하여 터널 주변의 지반응력이 재분배되어 다소 느슨한 상태가 되는 범위를 말한다.

[인버트] 터널 단면의 바닥 부분을 말하며, 원형터널의 경우는 바닥부 90° 구간의 원호 부분, 마제형 및 난형 터널의 경우는 터널 하반의 바닥 부분을 지칭한다. 인버트의 형상에 따라 곡선형 인버트와 직선형 인버트로 분류하며, 인버트 부분의 콘크리트 라이닝 타설 유무에 따라 폐합형 콘크리트 라이닝과 비폐합형 콘크리트라이닝으로 분류한다.

[장대 터널] 터널의 연장이 1,000m 이상인 터널을 말한다.

[천단 침하] 터널 굴착으로 인하여 발생하는 터널 천단의 연직방향 침하를 말하며, 기준점에 대한 하향의 절대 침하량을 양(+)의 천단 침하량으로 정의한다.

[특수 지반] 팽창성 지반, 함수미고결 지반, 압착성 지반을 말한다.

터널의 역사 2

2 터널의 역사

세계에서 가장 오래된 터널은 5,000여 년 전 이란고원에 만들어진 '카나트'라 불리는 관개용 수로라고 한다. 일본에는 에도시대에 약 30년간에 걸쳐, 연장 144m인 오이타현의 '아오노도몬'이 유명하다. 또 각종 악전고투 끝에 건설된 일본 근대 터널 건설의 시초인 단나터널(도카이도선)이 있다.

이 장에서는 세계 터널 건설의 역사와 일본 터널 건설의 역사를 비롯하여 난공사였던 터널 건설과 터널 기술의 변천에 대하여 설명한다.

세계 터널 건설의 역사를 알아보자

세계에서 가장 오래된 터널은 5,000년 이상 전에 이란고원에 만들어진 카나트(Qanat)라고 불리는 관개용 수로이다. 20~30m마다 세로로 구멍을 파, 이들을 땅속에서 수평으로 이어 20km가 넘는 터널을 만든 것이다. 현재 이란에는 약 5만 개에 달하는 카나트가 있다.

교통용으로 파진 터널 중에서 기록에 남아 있는 세계에서 가장 오래된 것은 기원전 2200년경, 바빌로니아(현재의 이라크에 해당하는 메소포타미아 남부, 티그리스 강·유프라테스 강 하류지방의 옛 이름)의 고대 바빌론의 세미라미스 여왕의 통치하에 유프라테스 강 아래를 횡단하여 만든 폭 4.5m, 높이 3.6m, 길이 910m의 터널이라고 한다. 왕궁과 신전을 잇는 지하통로로 만들어진 이 터널은 먼저 강을 막아 흐름을 돌려놓고, 강바닥을 굴착한 다음에 벽돌을 아치형으로 쌓아올려 터널 벽을 만들고 흙을 되묻은 후 강물의 흐름을 원래대로 되돌리는 순서로 진행되었다. 즉, 개착공법으로 만들어진 것이다. 방수재로 아스팔트까지 사용된 사실을 보면, 이것이 최초의 교통용 터널이 아니라 이미 당시 사람들은 고도의 터널 기술을 축적하고 있었다는 것을 추측해볼 수 있다.

이후 터널 기술은 측량법의 발달로 터널 양측 갱구에서 굴착하는 방법이 고안된 것 이외는 그다지 큰 변화는 없었던 것 같다. 그래도 기원전 700년경에는 메소포타미아 북부·앗시리아 제국의 수도 니네베에 수로 터널이 완성되었고, 이스라엘의 예루살렘에서도 헤제키아 왕이 수로 터널(540m)을 만들었다. 그 후 100년 정도 지나서 그리스의 사모스섬에서도 수로 터널(1.5km)이 만들어졌다.

로마시대(기원전 30년경~395년)로 들어와서 군용로, 수로 등의 많은 터널이 만들어졌다. 그 당시의 암반 굴착 방법은 끌과 망치를 이용한 인력에 따른 것이었는데, 끌의 날이 들어가지 않는 단단한 바위에서는 모닥불로 막장면(터널 앞부분)을 달군 후에 물로 암반을 급랭시켜 금이 가게 하여 암반을 부수는 방법도 이용되었다.

시대를 훨씬 뛰어넘었지만 14세기에 이르러 흑색화약이 발명되어 프랑스 랑그독 운하의 터널(1679년 완성)에 이용되었다. 1818년에는 영국의 브루넬에 의해 쉴드 공법이 발명되었다. 목제의 선체 바닥에 구멍을 뚫는 배좀벌레조개의 생태에서 힌트를 얻어 쉴드 공법을 고안했다고 한다. 그 이후 브루넬은 병에 걸려 그의 아들이 뒤를 이어 런던에 있는 템스 강의 횡단터널(1841년 완성) 건설에 쉴드 공법을 사용하였다. 그때 쉴드 단면은 사각형 모양을 하고 있었다.

1866년에는 노벨이 다이너마이트를 발명하였다. 다이너마이트는 흑색화약에 비해 폭발력이 강하고 폭발 시에 유독가스가 발생하지 않으므로 이후 산악 터널 굴착작업 시 강력한 수단이 되었다. 이어서 압축 공기를 이용한 에어드릴에 의한 굴착기계가 이탈리아에서 발명되었는데, 이 신기술을 이용하여 1872년의 몬스니 터널을 시작으로 상고타르 터널(1882년), 알베르크 터널(1884년), 심프론 터널(1906년), 뢰치벨르크 터널(1913년) 등 유럽 알프스를 관통하는 터널을 차례로 완성시켰다.

미국의 터널 건설 역사는 유럽보다 약간 뒤떨어져 있었는데, 1910년에 디트로이트에 완성한 미시건 센트럴 터널은 세계 최초의 침매 공법을 이용한 철도 터널로 알려져 있다.

일본 터널 건설의 역사를 알아보자

일본에서는 서기 82년, 게이코천황(景行天皇)이 큐슈 지방을 정벌했을 때 동굴 안에 버티고 있던 적들을 외부에서 굴을 파고 들어가 공격했다고 『일본서기』에 기록되어 있는데, 이것이 기록으로 남은 일본에서 가장 오래된 터널이라고 한다.

유럽이나 서남아시아에서는 기원전에 건설된 터널까지도 유적으로 다수 남아 있는데, 일본에는 에도시대보다 오래전 시대의 터널이 유적으로 남아 있는 예는 없다.

하지만 에도시대로 들어오면서 관개나 용수를 위한 수로 터널이 많이 만들어졌다. 1632년에는 가나자와성(金澤城)과 겐로쿠엔(兼六園)으로 물을 대기 위한 다츠미(辰巳) 용수가 착공되어 다음 해에 완성되었다. 1666~1670년까지 하코네(箱根)·아시노코의 물을 시즈오카현쪽의 중심지까지 끌어오기 위하여 가이린산(外輪山) 아래에 수로 터널이 만들어졌다. 이 터널은 하코네 용수라고 불리며, 길이는 약 1,780m로 에도시대에 만들어진 본격적인 터널 중에서는 가장 긴 것이다. 이 터널의 굴착작업에는 화약이 사용되지 않고 불과 끌, 그리고 곡괭이만 사용되었다.

그 밖에 에도시대의 터널로는 1764년에 완성된 오이타현 시모게군 혼야바케이쵸의 '아오노도몬'이 유명하다. 젠카이(禪海)라는 승려가 인근의 석공들과 함께 약 30년 동안 길이 144m의 터널을 끌과 망치만으로 뚫었다고 한다.

에도시대에 들어와 일본 최초의 철도 터널인 '이시야가와 터널(오사카~고베간)'이 1870년에 개통되었다. 이시야가와 터널의 길이는 불과 61m이지만 서양인의 지도하에 강바닥이 주위의 지반면보다 높은 강을 개착하여 벽돌을 쌓아올린 후 되메움을 실시하여 터널이 만들어졌다.

1880년, 일본인 기술자의 손으로 구(舊) 도카이도선 본선의 교토~오츠 구간에 일본에서 처음으로 본격적인 산악 공법으로 굴착된 철도 터널인 '규오자카야마(舊逢坂山) 터널(665m)'이 개통되었다. 그리고 4년 뒤인 1884년에는 나가하마~스루가 구간에 연장 1,352m의 '야나가세 터널'이 완성되었다. 규오자카야마 터널에서는 끌과 곡괭이로 굴착했지만 야나가세 터널 이후로는 착암기와 다이너마이트, 콤프레셔, 삼각 측량 기술 등이 서양에서 도입되어 터널 기술이 눈부시게 진보하기 시작했다.

1902년 '사사고 터널'(중앙 본선의 사사고~가이야마토간, 연장 4,656m)이 완성되었다. 사사고 터널을 건설할 때에는 버력(부서진 암석)의 운반에 소와 말뿐만 아니라 트로리 전기기관차가 사용된 점, 지질조사가 실시된 점, 갱내에 전화기가 설치된 점, 갱내를 밝히는 데 종래의 칸데라가 아닌 전등이 사용된 점 등 당시의 많은 기술자들이 동원되어 일본 최대의 터널 건설기술의 기초를 구축하였다. 그리고 도카이도선의 아타미~간나미 구간에 16년(1918~1934년)이나 걸려 만들어진 '단나 터널(7,840m)'은 목제 지보공뿐만 아니라 쉴드 공법과 시멘트 밀크 주입 공법 등도 사용되어 일본 근대 터널 건설의 시초라 불린다.

일본 최초의 유료 도로 터널은?

기록에 남아 있는 가장 오래된 유료 도로 터널은 앞서 소개한 오이타현 시모게군 혼야바케이쵸에 있는 '아오노도몬'이다.

오이타현 북부의 경치 좋기로 유명한 야마케이의 야마구니가와(山國川) 우측 해안에 있는 이 '아오노도몬'은 에치고·다카다 출신의 젠카이 승려가 1750년에 인근 마을 사람들과 석공의 도움을 받아 약 30년간 오직 인력에 의해 완성시킨 길이 144m, 높이 3m, 폭 2.7m의 터널이다. 화약이나 기계도 없는 시대에 끌과 망치만으로 조금씩 암반을 팠다는 사실에는 정말 놀라지 않을 수 없으며, 사람들은 이렇게 힘들여서 만든 아오노도몬을 지날 때마다 통행료를 냈다고 한다. 일설에 의하면 요금은 1인당 4푼, 소나 말은 8푼이었다고 한다. 젠카이 승려는 징수한 통행료를 자금으로 조금씩 터널을 확장했다고 한다. 그리고 1774년에 88세의 일기로 세상을 떠났다. 그 유산은 모두 라칸지(羅漢寺, 아오노도몬에서 자동차로 약 10분 정도 거리에 있는 전국 라칸지의 본산)에 기부했다고 전해진다.

아오노도몬은 작가 기쿠치간(菊池寛)의 『은혜와 원수를 넘어서』(1919년에 중앙공론에서 발표된 단편소설)로 소개되어 일반에게 널리 알려졌다.

그러면 젠카이 승려가 터널을 만들기까지의 일화를 소개하면 다음과 같다. 젠카이 승려는 이곳저곳을 돌아다니다가 야바케이라는 곳에 들렀다. 야마구니가와(山國川) 근처의 '아오(靑)'라는 곳의 주변은 자주 물이 불어나 계곡 옆을 지나는 길이 험했다. 그곳을 지나는 사람이나 말이 자주 계곡으로 떨어져 많은 생명들이 죽고 있다는 것을 안 젠카이 승려는 그곳에 동굴을 만들어 마을 사람들이 조난을 두려워하지 않고 안전한 길로 인근 마을을 오갈 수 있도록 해야겠다는 생각을 했다. 그래서 젠카이 승려는 인근 마을 사람들의 협조를 얻어 30년 동안 동굴을 만들었다. 동굴의 이곳저곳에 빛을 볼 수 있는 창이 있는데, 지금도 끌 자국이 남아 있는 아오노도몬의 벽면을 보면 젠카이 승려의 수고와 일념을 엿볼 수가 있다.

현재, 아오노도몬 주변은 관람자들을 위한 길이 잘 정비되어 있고 단풍이 화려하여 가을에는 많은 사람들이 찾아오는 관광지가 되어 있다. 1999년에는 우표에도 도안되었다.

지하철 긴자선엔 전설적인 역이 있다는데 진짜일까?

지하철 긴자선의 도라노몬역에서 우에노 방면으로 가다보면 신바시역 조금 전에 좌측으로 도는 커브길이 있다. 이 커브를 돌지 않고 똑바로 가다보면 전설적인 역에 도착할 수 있다.

사실은 이 전설적인 역이란 1939년에 도쿄 고속철도라는 지하철 회사가 만든 신바시역 역사(현재는 열차 인입선 대신에 사용)를 말하는 것이다. 그러나 아쉽게도 지금은 일반인들이 들어갈 수는 없다. 그럼 이 전설적인 역이 생긴 경위에 대해서 간단히 소개하면 다음과 같다.

지하철 긴자선은 하야카와 노리츠구(早川 德次)가 대표를 맡고 있던 도쿄지하철도라는 회사가 1925년에 아사쿠사~우에노간 2.2km를 착공하여 1927년 12월에 개통시킨 일본에서 가장 오래된 지하철이다. 도쿄 지하철도는 그 후 우에노에서 신바시 방면으로 지하철을 연장시키고자 1934년에 우에노～신바시 구간도 완성시켰다.

고도게이타(五島慶太, 전 도큐전철 회장)가 사장을 맡고 있던 도쿄 고속철도는 당시 시부야에서 긴자·니혼바시 방면으로 지하철을 건설하려고 했다. 그리고 도쿄 고속철도의 신바시역은 1939년에 완성되어 양방향의 지하철 노선이 신바시에서 마주치게 되었다. 그 즈음, 고도 사장은 도쿄지하철도의 주식을 대량으로 사들여 이 회사의 운영권을 위협했는데, 결국은 하야카와 사장이 이 업계에서 물러나게 되었다. 그리고 도쿄 고속철도의 신바시역은 1939년 9월까지 사용되었고 그 이후는 도쿄지하철도의 신바시역만 긴자선의 승강 역으로 사용하게 되었다.

이와 같은 경영권 다툼이 있었던 긴자선이었는데, 제2차 세계대전이 임박한 1941년에 국책사업으로 테이토우 지하철 공단(에이단 지하철)이 설립되어 결국은 도쿄 지하철도의 아사쿠사～신바시역과 도쿄 고속철도의 시부야～신바시역의 두 노선은 에이단 지하철로 경영권이 넘어갔다.

현재의 신바시역 플랫폼은 양 사이드에 노선이 설치되어 있는 '섬식'역인데, 도쿄 고속철도의 신바시역은 플랫폼과 플랫폼이 마주보고 있는 '상대식' 역이다. 만든 회사에 따라 플랫폼의 구조가 다른 건 매우 흥미롭다. 또 전설적인 신바시역 플랫폼의 벽에는 지금도 '바시신(橋新)'이라고 반대로 쓰인 역명 표시의 타일이 그대로 남아 있어 당시의 역 분위기를 어렴풋이 엿볼 수 있다.

아울러, 에이단 지하철 긴자선은 기존도로를 따라 개착 공법으로 만들어졌다. 그리고 거의 인력에 의해 건설하였음에도 불구하고 아사카사～우에노 구간 2.2km의 터널을 불과 2년 만에 완성시켰다. 현재 도심부에서

똑같은 개착 터널을 만들면 공사기간이 더 걸릴 것이라고 한다. 그만큼 당시에는 터널을 만들기 위한 장애물(수도나 가스관 등의 라이프라인, 주변 건물, 지상교통)이 적어 지하가 복잡하지 않았기 때문이다.

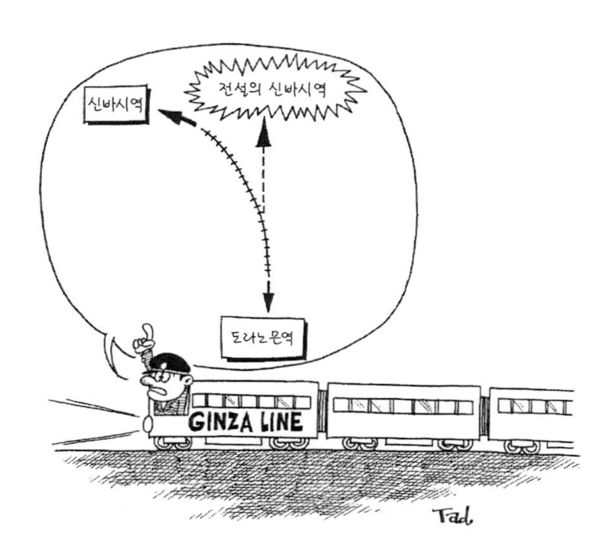

일본에만 있다는 수금굴(水琴窟)은 어떤 것인가?

터널이나 동굴의 천정에서 물방울이 똑똑 떨어지는 소리로 거문고 소리가 나는 것이 있는데 이것이 바로 일본의 수금굴이다.

이는 땅속에 옹기 같은 것을 묻고 그 안을 공동으로 하여 집 마당 등에 인접한 다실이나 서재의 한구석에 있는 세면수 등의 배수를 이용하여 공동의 안으로 떨어지는 물방울 소리를 듣는 것인데, 소리가 안에서 울려 비파와 같은 음색을 가진다고 해서 수금굴로 불리게 되었다. 수금굴의 구조를 그림으로 나타내면 다음과 같다.

수금굴은 에도시대 중기부터 정원사에 의해 만들어지기 시작했다고 한다. 원래는 '동수문(洞水門)'으로 불렸는데, 일본 정원 건설기법 중에서도 상당한 고난도의 기법이기 때문에 정원사들만이 갖고 있는 비법으로만 전해진다.

수금굴의 옹기는 물방울의 음색에 큰 영향을 주기 때문에 원래는 유약을 바르지 않은 옹기가 사용되었으나, 메이지시대 이후부터는 유약을 바른 옹기가 사용되었다. 보통, 옹기의 크기는 30～60cm, 직경은 30～50cm 정도이다. 큰 옹기는 크고 낮은 소리가 나고, 작은 옹기는 작고 높은 소리가 난다. 너무 큰 옹기를 묻으면 울리는 소리가 바깥으로 잘 전달되지 않기도 한다. 금이 가거나 흠집이 있는 옹기의 음은 탁하나, 유약을 바른 옹기는 높고 맑은 음색이 난다. 유약을 바르지 않은 옹기라도 안쪽 면이 꺼칠꺼칠하기 때문에 적당한 크기의 물방울이 부착되기 쉬우며, 땅속에서는 주변 흙의 습기를 빨아 옹기 속을 적당한 습도로 유지하기 때문에 수금굴의 옹기로는 가장 좋은 소리를 낸다고 한다.

최근, 이와 같은 수금굴이 TV에서도 소개되어 일부에서는 상당한 관심을 보이고 있다. 각지의 일본 전통의 정원에서 수금굴이 많이 만들어지고 있다. 여러분이 살고 있는 마을 옆에도 있을지도 모르니 직접 한 번 찾아보는 것도 좋을 것 같다.

그럼 여기서는 환경성이 1996년에 '일본의 소리풍경 100선'으로 선정한 두 곳의 수금굴을 소개한다.

수금정의 수금굴

군마현 요시이마치의 다카사키 예술 단기대학 나카야마 캠퍼스 안의 일본 정원 속에 있다.

우다츠 마을의 수금굴

기후현 미노시의 현재 역사 자료관으로 쓰이는 '구(舊) 이마이카 주택'의 안뜰에 있다.

쉴드 공법은 어떻게 생각해낸 것일까?

19세기 초, 런던 템스 강 하류의 하저 터널은 많은 난관을 겪으며 만들어졌다. 이 터널이 만들어지면 매일 배로 건너는 4,000여 명의 이용자와 2마일 떨어진 런던교까지 돌아가야 하는 마차나 짐차에 획기적인 편리성을 가져오는 것이었으나, 당시의 터널 기술로는 역부족이라 실패를 거듭하고 또 거듭했다.

1824년, 마크 브루넬(1769~1849)은 이 하저 터널 프로젝트에 참가하였다. 원래는 프랑스 해군장교였던 브루넬은 프랑스혁명이 발발했을 때 유명한 왕당파의 일원이었으며 혁명 후에는 고국을 떠나 미국으로 건너갔다. 1799년에는 영국으로 건너가 선박기술자로서 이름을 떨치기도 하였다. 사실 19세기 초부터 브루넬은 하저 터널 굴착기술에 관심을 갖고 연구를 계속하고 있었다.

어느 날 조선소 안을 걷고 있을 때, 한 조각의 오래된 선박 부재가 눈에 띄었다. 목재의 해충인 배좀벌레조개 때문에 선 모양의 공동이 생겼던 것이었다. 거기에서 터널을 연상한 브루넬은 배좀벌레조개에 대하여 자세히 조사하게 되었다.

그 결과, 이 벌레가 선박 부재처럼 해수에 잠겨 있는 목재를 갉아먹고 있다는 것과 벌레의 구멍 뚫는 능력이 뛰어나기 때문에 원목가구에 사용되는 떡갈나무나 티크 같은 단단한 나무에서도 깊숙이 공동을 뚫을 수 있음을 알아냈다.

배좀벌레조개를 연체동물과 비교하면 매우 작은 2겹의 껍질로 몸을 보호하고 있어 벌레로 불리고는 있으나 사실은 2겹 조개의 일종이다. 2겹의 껍질은 끝이 들쭉날쭉한 끌과 닮아 있었다. 배좀벌레조개는 납작한 다리로 몸을 나무에 고정하고 구멍을 파나가면서 끌처럼 생긴 껍질 끝을 앞뒤로 움직여 나무를 갉아낸다. 갉아진 나무 가루는 몸 안으로 들어가 소화기관을 통하여 반대쪽에 도달하는 사이에 어느 정도 소화, 흡수된다.

또 배좀벌레조개는 나무속을 갉아나갈 때, 일종의 액체를 뿜으며 파여진 공동표면에 발라 튼튼한 막을 형성한다.

최종적으로 브루넬은 배좀벌레조개의 주요 특징으로 다음의 세 가지를 정리하였다.

① 튼튼한 껍질로 몸을 보호한다.

② 구멍을 파면서 갉아진 나무를 뒤로 보낸다.

③ 새로 판 구멍은 신속하게 막을 형성하여 구멍이 허물지 않도록 보강한다.

이를 이용하여 브루넬은 위의 세 가지 요구사항을 만족시킬 수 있는 터널 굴착기계를 설계하였다. 배좀벌레조개의 껍질 대신에 완성 단면의 터널과 거의 동일한 높이와 폭을 가진 철로 된 큰 쉴드를 만들었다. 이 쉴드는 원형이 아닌 12개의 사각형 주철제틀로 만든 것으로 1개의 틀은 높이 6.5m, 폭 0.9m, 길이 1.8m이며, 총중량 90톤, 단면적 80m^{2}인 쉴드는 벽돌로 만들어진 터널 라이닝에서 반력을 취하면서 스크루잭으로 추진하도록 되어 있다. 1개의 틀은 3층짜리의 작은 공간으로 되어 있으며 합계 36개의 작은 공간은 갱부 한사람씩 들어가 작업할 수 있는 크기였다.

굴착작업은 먼저 인력에 의해 3인치 정도 굴착하고 뒤에서 대기 중인 작업원은 굴착된 토사를 후방으로 반출시키고, 전방의 지반에 판자를 붙여 흙이 허물지 않도록 하여 잭으로 3인치 밀어낸다. 그리고 후방에 노출된 지반에 라이닝 벽돌을 쌓는 이러한 반복 작업은 현재의 쉴드 공법의 원형이라 할 수 있다.

터널 시공이 너무 힘들어 두 번에 걸쳐 상부지반이 붕괴되고 터널이 일부 수몰되기도 했지만 1841년에 마침내 완성하였다.

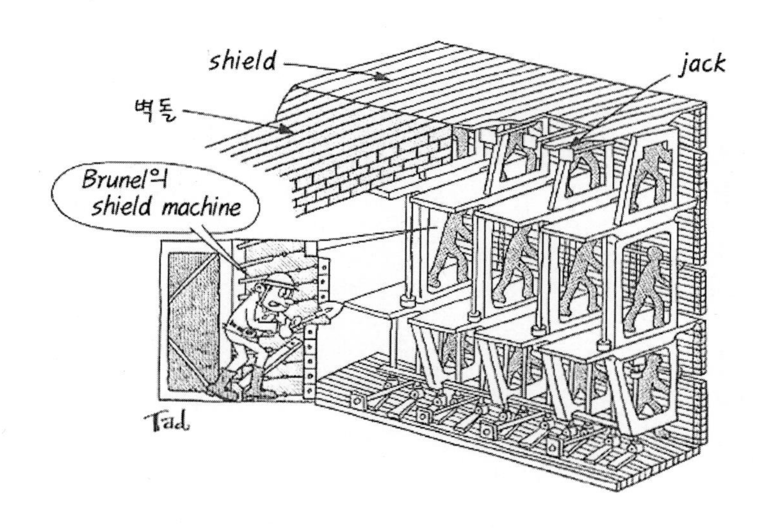

어느 터널이 난공사였나? [사례 1]

① 고열의 지반, 열수를 동반한 터널 공사

고열의 지반을 굴착한 터널로는 칸사이 전력의 구로베 제3발전소 터널 공사가 있다. 이 공사는 요시무라 아키라(吉村昭)의 소설 『고열수도(高熱隧道)』에도 소개되었었다. 그 후 시공된 신구로베가와 제3발전소의 터널 공사에서는 암반 온도가 최고 175℃까지 올라간 것으로 기록되어 있다. 최근에는 나가노현과 기후현을 잇는 아보우(安房) 터널이 이에 해당한다. 이 터널은 지금도 흰 연기의 수증기를 뿜고 있는 화산지형이라 화산성 가스와 73℃의 뜨거운 물이 분출하고 있다.

② 팽창성 지반의 터널 공사

팽창성 지반에서는 지반의 팽창압력이 발생하는 원인으로 ① 흡수팽창, ② 강도가 없는 지반의 토피압력에 의한 소성화※, ③ 잠재응력의 해방 등을 들 수 있다. 팽창 우려가 있는 지질과 대표적인 터널은 다음과 같다.

신생대 제3기층의 이암과 응회암 지반에서 대변형이 발생한 터널로는 호쿠리쿠본선의 쿠비키 터널, 홋코시본선의 나베다테야마 터널이 유명하다. 사문암(蛇紋岩) 지반으로는 하코다테혼선의 가무이 터널, 도미우치선의 닛신 터널, 소토보우선의 미네오카 터널이 유명하다. 파쇄된 편암 지반으로는 요산선의 요루히루 터널, 국도 42호선의 후지시로 터널이 있으며, 단층 점토지반으로는 세이칸 터널, 호쿠에츠호쿠센의 아카구라 터널, 온천지대 지반으로는 단나 터널, 이토선의 우사미 터널 등이 유명하다. 이들 중에서 특히 난공사였던 나베다테야마에서는 당초 숏벤치 굴착 공법(상부 반단면과 하부 반단면으로 2분할하여 굴착하는 공법)을 기본으로 하였으나, 이때에 상반 인버트에서 1m에 달하는 지반이 부풀어 오르기도 하였다. 그리고 공법을 변경한 중앙갱도에서도 막장면(59쪽 칼럼 2 참조)이 3m나 밀려나 버렸다.

※ 소성화: 고형화된 물체에 작용하는 외력이 어느 한계를 넘을 때 외력의 작용에 의해 발생한 변형이 외력을 제거함으로써, 완전하게 원형으로 돌아오지 않고 잔류변형이 생기는 성질

③ 고압, 다량 용수지반의 터널 공사

산악의 암반터널에서 단층파쇄대의 배면에 유지되고 있던 다량의 물이 터널 주변에 의해 차수층이 파괴되어 돌출하는 경우와 연속된 지하수유로가 터널 주변으로 파괴되어 다량의 물이 돌출되는 경우가 있다. 전자로 유명한 곳은 국도 츠치유 터널로서 대량의 물이 돌출하여 많은 배수 유도공의 보링 작업을 실시하였다. 후자는 중부전력 오쿠미노(奧美濃) 수력발전소로서, 45도의 경사진 갱도를 레이즈 클라이머(소단면의 수직갱이나 사갱을 밑에서 파 올라갔을 때의 발판으로, 가이드레일보다 아래로 매달려 이동하는 설비)를 사용하고 있던 도중에 분당 3톤의 돌발용수가 덮쳐 굴착이 불가능해졌기 때문에 그 지점에서 약 150m 아래 지점에 드레인 홀을 굴착하여 드레인 홀에 4MPa의 압력을 받은 분당 20톤의 물을 집수하는데 성공하여 사갱의 물을 빼낸 예가 있다. 이와 같이 산의 물 전체를 빼낼 수는 없으므로 시공 가능한 정도의 수위로 낮춘다.

어느 터널이 난공사였나? [사례 2]

다음은 앞의 질문에 이어서 정리한 것이다.

④ 토피가 얇은 미고결 지반의 터널 공사

최근 도시지역의 토사지반에서도 NATM 터널을 구축하는 사례가 많아지고 있는데, 토사지반에 NATM 터널을 본격적으로 시도한 것은 1975년 이후의 일본철도건설공단의 가고시마선의 오오누키 터널, 나리타신칸센(당시 명칭)의 호리노우치 터널, 돗코우 터널, 호쿠소선의 구리야마 터널, 일본국유철도의 나리타신칸센 터널부터였다. 이 터널들의 지질은 홍적사질층(洪積砂質層)으로서 사질토가 건조할 뿐 아니라 함수비가 낮아지면 무너지기 쉬운 특징이 있다. 반면, 물이 많아지면 유동을 일으킬 우려도 있다.

이러한 특성으로 인해 특히, 구리야마 터널에서는 80~90m^2의 터널 상반을 12분할하여 조금씩 파야만 했다. 막장의 안정은 실로 지보설치 시간과의 싸움으로 굴착에 의해 응력이 해방(굴착하는 행위)되면 신속히 지보공을 타설하는 것이 철칙이다.

⑤ 록버스트(Rockburst)가 일어난 터널 공사

암반 내에 저장된 큰 에너지가 터널 굴착으로 인해 해방되면, 터널 벽면이나 막장면의 암편이 튕겨 나갈 수가 있다. 이것이 록버스트라는 현상이다. 이 현상은 토피고가 큰 단단한 암반이면서도 동시에 용수가 없는 곳에서 주로 발생하고 있다.

대표적인 예로는 죠에츠 신칸센의 다이시미즈 터널이나 간에츠 자동차 도로의 간에츠 터널, 국도 140호선의 가리사카 터널 등이 있다.

칼럼 3

★지하철 차량은 어디에서 지하로 들어가나?

한때 누군가로부터 '지하철은 어디에서 땅속으로 들어가는지 궁금해서 밤에 잠도 못 잔다'는 말을 들은 적이 있다. 실제로 지하철은 어디에서 어떻게 들어가는 것일까?
사실 지하철 차량을 터널 안으로 넣는 방법은 여러 가지 있다고 한다. 현재 도쿄에서의 지하철 노선은 지상의 JR이나 그 밖의 민영노선과 상호 노선을 연장하여 이 노선을 통해 지하로 차량을 끌고 들어갈 수 있다. 이와 같이 상호 연장노선이 없는 노선(도쿄의 영단 지하철 긴자선이나 마루노우치선 등)이라도 지상부에 차량기지가 있기 때문에 거기에서 지하로 끌고 들어갈 수가 있다.
그럼, 지하철의 부분 개통 시나 차량기지가 지하밖에 없거나 지상에서 용이하게 차량을 끌어넣을 수 없는 경우에는 어떻게 할까? 예전에는 터널 천정에 일부러 구멍을 뚫어 지상에서 크레인으로 차량을 끌어내려 뚜껑을 덮는 원시적인 방법을 사용했지만 현재는 지하 차량기지 위에 미리 수직갱을 만들어 거기에서 차량을 끌어내린다고 한다.

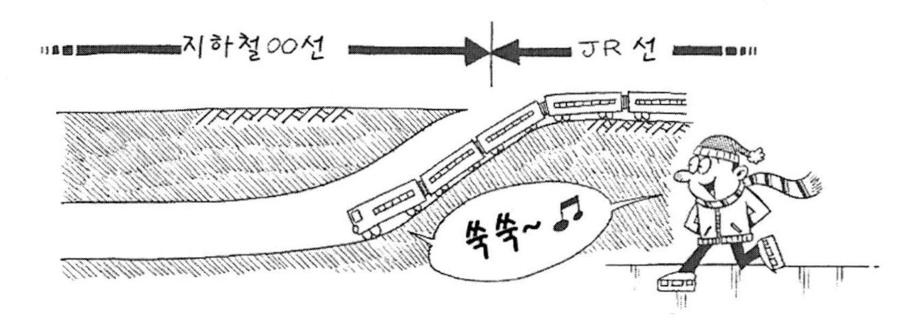

간몬(關門) 터널은 어떤 터널인가?

교토에서 시모노세키까지는 1901년에 산요철도가 개통되었고, 모지(門司)에서 큐슈의 각 지역으로는 큐슈철도가 연결되어 있다. 그런데 시모노세키와 모지 사이는 간몬 해협으로 갈라져 있어 승객과 화물은 일단 연락선으로 옮겨 타야만 했다. 이 화물을 옮겨 싣는 비용은 상당한 비용이 들었다. 사람과 화물의 이동시간 단축과 비용을 절감하기 위해서 1907년에 일본철도원 초대 총재였던 고토 신페이(後藤新平)가 간몬 해협에 다리를 놓아 혼슈와 큐슈를 철도로 연결해야겠다는 구상을 하게 된다. 그 후 검토 결과, 군사적 · 경제적으로도 유리하다고 판단되어 터널 건설이 결정되었다.

1919년에 처음으로 보링에 의한 지질조사가 이루어졌는데, 1923년에 일어난 관동대지진 등의 영향으로 한동안 이 프로젝트가 중지되었으나, 1936년에 국가예산으로 책정되었다.

간몬 터널은 지금까지 시공된 적이 없는 해저 터널 공사였기 때문에 모든 것이 첫 체험이었다. 먼저 직경이 2.5m인 선진도갱 공법의 터널이 바다 밑 50m에서 연장 1,322m로 굴착되었다. 이 해협에는 태곳적의 지각변동에 의한 단층이 존재하고 있음을 알고 있었다. 이 지질불량부에 터널이 굴착되는 순간 대량의 유출수가 덮쳤다. 몇 번이나 막장이 붕괴되는 상황 때문에 결국 이 선진도갱은 1939년에 약 2년 반의 세월을 거쳐 혼슈와 큐슈를 연결하게 되었다.

그리고 이 선진도갱의 시공에서 얻은 귀중한 데이터를 토대로 본갱의 시공방법이 수차례 논의되었다.

시모노세키에서는 일반 발파 공법에 의한 산악 터널 공법으로 시공하였으나, 해협 중앙부가 지질이 불량하고 용수가 많다는 것을 알고 있었기 때문에 시멘트를 선진도갱에서 주입하면서 터널 주변 지반을 고결시키면서 굴착하였다. 이와 같이 선진도갱은 사전 지질 조사 이외에도 작업통로로 효율적으로 사용되었다.

모지(門司) 측에서는 지반조건이 굉장히 불량하였기 때문에, 일반 산악 터널 공법으로는 무리라고 판단하여 일본 최초로 쉴드 공법이 도입되었다. 일본산 제1호 쉴드 머신은 직경 약 7.2m, 길이 약 5.8m의 강제 틀 속에 2단의 작업대가 마련된 것으로, 이 작업대 위에서 갱부가 수작업으로 굴착하였다. 앞서 말한 바와 같이 대량의 용수가 있었기 때문에 막장부에 공기압력을 건 상태에서 작업하였다. 전기를 이용하여 압축 공기를 만들어 이를 작업지점으로 내보냈는데, 정전으로 정지되거나 느슨한 지층으로 공기가 새나가 여러 차례 위험한 상황이 연출되었다. 드디어 1941년 7월 10일, 세계 최초의 해저 터널인 간몬 터널의 하행 연장 3,614m가 관통되어 1942년 11월 15일 시모노세키에서 간몬 터널을 지나 모지까지 처음으로 열차가 운행되었다.

제2차 세계대전 후 일본 터널 기술은 어떤 변화를 거쳤나?

일본 터널 건설 기술의 근대화는 제2차 세계대전 후, 문화와 기술의 도입과 함께 발전되었다. 1945~1960년까지는 목제지보공으로 지반을 지지하면서 터널을 뚫었다. 이후 1960~1980년까지는 강제 아치 지보공이라고 하여 H형강을 가공하여 사용하였는데, 지보공과 지보공 사이에는 지반을 지지하기 위한 목제 널말뚝을 설치하였다. 그리고 1980년 이후에는 NATM에 의한 지보 시대가 시작되었다.

이 지보공의 재질이나 지보이론을 비교해보면 터널의 시공기술 전체가 크게 바뀌었음을 알 수 있다. 목제 지보공 시대는 목제 지보공을 조립하면서 막장에서 굴착단면에 맞추어 가공 조립하였기 때문에 고도의 장인기술로 취급되었으나, 지보공의 강도 측면에서는 극히 낮기 때문에 대단면 터널을 한꺼번에 지지할 수는 없었다. 따라서 처음에는 작은 단면을 굴착하여 목제 지보공을 설치하고 추가로 필요한 곳에는 콘크리트를 타설하여 순차적으로 상하좌우로 넓혀가면서 소정의 단면으로 마감시켰다. 그러므로 주된 기계라고 하더라도 사람이 들고 사용할 수 있는 범위였으며 결국 인력 굴착에 의존하였다.

강제 아치 지보공이 나오면서 지보공의 강도가 비약적으로 높아져 50m^2 정도의 단면을 한꺼번에 지지할 수 있었다. 즉, 신칸센 단면이라면 상반부(상반단면)를 시작으로 하반부(하반단면)를 굴착하기 때문에 큰 단면으로 시공할 수 있었다. 그와 동시에 대형기계가 등장하였다.

그러나 기술적 개념은 강제 아치 지보공을 하반에서 콘크리트로 지지하기 때문에, 2차 라이닝 콘크리트가 지금보다 두꺼워 상반과 하반으로 나누어 타설하는 것이 표준이었다.

현재 NATM 방식이 도입되면서 지보능력이 한층 더 높아졌다. 또, 상반의 강제 아치 지보공은 숏크리트와 록볼트 등으로 지지되어, 하반을 굴착하더라도 아치의 지보능력이 떨어지지 않기 때문에 예전과 같이 저설도갱 방식(底設導坑方式)으로 굴착할 필요가 없었다. 따라서 2차 라이닝 콘크리트도 전체 둘레를 한꺼번에 타설하게 되면서 품질 향상과 콘크리트 두께도 얇아지게 되었다.

대형기계의 발달과 지반 불량부의 보조 공법 개발로 더욱 큰 단면의 터널을 안전하게 시공할 수 있었다. 무엇보다 중요한 점은 사고가 줄었다는 것이다. 물론 작업자들의 의식이 바뀌기기도 했지만, 막장 바로 옆에서 인력으로 작업했던 것을 지금은 막장에서 멀리 떨어진 위치에서 기계로 작업하고 있다. 막장 측에 작업자가 없어진 점, 지보의 강성이 높아진 점, 그리고 큰 작업공간의 확보 등이 사고를 줄인 주된 요인이라 할 수 있다.

구로욘(黑四) '오오마치 터널'은 어떤 터널인가?

'구로욘'이란 구로베가와 제4발전소와 구로베 댐의 총칭이다. 제2차 세계대전 후 눈부신 경제 부흥에 가장 큰 걸림돌이 된 것은 전력부족이었다. 특히 칸사이 지방에서는 오랜 기간 동안의 전력 사용제한이 사회문제가 되기도 하였다. 당시의 화력발전은 시시각각으로 변하는 전력수요에 신속히 대처하지 못했기 때문에, 수력발전 등 대규모의 발전소 건설이 요구되었다. 이로 인해 칸사이 전력은 1956년 '세기의 대사업'으로 지금도 입에 오르내리고 있는 '구로욘' 건설에 도전한 것이다.

그해, 나가노현 오오마치시에 건설 사무소가 개설되어 공사가 시작되었다. 공사 도중에도 구로베 댐 건설 지점까지의 루트 확보(오오마치 루트)는 구로욘 건설에서 빠트릴 수 없는 긴급 과제였다. 당시 구로욘으로는 인력이나 말에 의한 통로 밖에 없었으며 헬리콥터에 의한 운송도 부족한 실정이었다. 그래서 오오마치 터널(5.4km, 현재의 간덴 터널) 건설이 신속히 진행되었다. 현재 다테야마 구로베 알펜루트의 입구에서 간덴 터널 트로리 버스의 발착역인 오우기사와(扇澤) 역에서 우시로 다테야마(後立山) 직하를 관통하여, 구로베 댐 건설 지점에 이르는 루트이다. 오오마치 터널에는 전단면 굴착기(점보) 등의 최신 기계를 도입하여 월 굴진거리 334.5m의 일본 신기록을 수립하면서 순조롭게 진행되었다.

그러나 1957년 5월 1일, 터널 갱구에서 약 1,695m 파 들어간 지점에서 탁류와 함께 터널이 붕괴되었다. 강제 지보공이 파괴되어 100m^{3}의 토사를 밀어내면서 분당 36톤의 지하수가 분출되었다. 거기에다 수온은 4℃로 차가웠다. 파쇄대와 만난 것이다. 파쇄대란 암반 속에서 바위가 잘게 부셔져

지하수를 머금은 연약한 지층을 말한다.

이 지대는 포사마그나(Fossa Magna, 라틴어로 큰 도랑이라는 의미로 도랑이 된 오래된 지층)와 유사한 지반이기 때문에 지층도 복잡하고 파쇄대와 조우하는 것도 당연한 일이지만, 당시의 일본에서는 파쇄대에 터널을 시공한 경험이 거의 없었다. 파쇄대 돌파를 위해 칸사이 전력은 물론, 각 학회에서도 면밀한 분석과 검토가 이루어져 공사가 재개되었다. 터널 본갱 주변에 배수 유도갱을 굴착하고 이곳에 배수 보링공을 시공하여 지하수를 빼내기도 하고, 약액과 시멘트를 주입하여 본갱 주위를 단단하게 해주는 작업을 반복하여 토사붕괴와 용수를 막아가면서 굴착작업을 진행하였다. 그러나 높은 수압의 대량 용수였기 때문에 실로 긴장되고 위험스런 작업의 연속이었다. 최종적으로는 배수 유도갱 총연장은 약 500m, 배수 보링공 총연장은 약 2900m, 약액 주입 약 136m^3, 시멘트 주입 약 230톤을 사용하였다. 불과 80m의 파쇄대를 돌파하는 데 무려 7개월이 소요되었다.

그 후 공사는 순조롭게 진행되었고 대형 중장비를 도입하면서 굴착작업에 탄력을 받았다. 다시 터널 굴착 일일 굴진기록과 월 굴진기록을 계속 갱신하여 파쇄대 돌파로부터 약 반년 후인 1958년 5월, 마침내 오오마치 터널이 개통되었다.

이후 자재 반입 루트가 완성되었고 구로베 댐과 함께 구로베가와 제4발전소의 건설을 완성시킨 것이다. 건설 당시의 망치 소리는 현재 구로베 댐의 힘찬 방류음과 관광객의 환성으로 바뀌어 구로베 협곡을 들썩이게 하고 있다.

오오마치 터널 공사에는 엄격한 기술적, 환경적 조건을 극복함과 동시에 종사했던 관계자들에게도 많은 고난과 역경의 드라마가 있었다. 그 이야기는 『구로베의 태양』(기모토쇼우지 저, 시나노 매일신문사 간행)이라는 제목으로 소설화되었으며 영화로도 만들어졌다.

나카야마 터널은 어떤 터널인가?

도쿄와 니이가타를 잇는 죠에츠 신칸센의 군마현 내에는 '나카야마 터널'이 있다. 나카야마 터널은 연장 14.9km에 달하는 긴 터널로 유명할 뿐 아니라, 일본의 터널 건설 역사상 가장 힘들었던 공사 중 하나였다. 이 공사는 1972년 2월에 죠에츠 신칸센의 다른 공구보다 먼저 착공되었으나, 수심 250m의 고압과 다량의 지하수가 포함된 지층을 만나 엄청난 유출수 사고 등을 거쳐 약 10년 만에 완공되었다.

당초 이 터널은 규모나 공사기간을 고려하여 1개의 사갱과 3개의 수직갱을 계획하여 6공구로 분할하여 착공하였다. 이 중 1개의 사갱은 굴착개

시 후 곧바로 분당 340톤의 이상 유출수로 수몰되어 포기할 수밖에 없는 상황에 부딪혀 5공구로 분할하여 공사를 진행하게 되었다.

수직갱 중 하나인 시호우기(四方木) 수직갱은 깊이가 372m나 되는데다 고압 다량 용수 지대를 굴착했기 때문에 수몰 사고가 2회 발생하였으며, 약 4년의 공사기간이 소요되었다. 수직갱의 용수대책으로는 지표에서 약액 주입을 실시하여 막장에서 지수하는 방법을 취했으나, 수직갱의 막장에서도 작업 횡갱을 굴착하여 거기에서 다시 굴착하고자 하는 수직갱 부분을 향하여 지수주입을 실시하였다. 많은 고생 끝에 마침내 수직갱 바닥까지 굴착이 완료되었지만 수직갱 바닥의 지질이 고압의 대량 지하수를 포함하고 있는 화산재 지층이었기 때문에 본갱 루트의 지질을 조사하여 조건이 좋은 장소를 골라 우회갱을 파서 주입 기지를 마련해야 하는 굴착 작업이 진행되었다.

그리고 이 주입기지에서 1979년 3월에 엄청난 유출수 사고가 발생하였다. 일요일 밤 12시 전, 시멘트 포대와 흙주머니로 쌓아올린 울타리가 대량의 유출수로 무너져 간신히 수직갱의 엘리베이터를 타고 갱 밖으로 탈출하는 위기일발의 상태였다. 그리고 다음 날 아침에는 수직갱 바닥에서 250m 위까지 물이 차 올라왔으며, 그 후에 배수 작업을 실시하고 주입 등으로 지반을 개량하여 약 10개월 동안 복구 작업을 실시하였다.

이 시호우기 수직갱을 복구한 지 얼마 지나지 않은 1980년 3월, 가까운 다카야마 공구에서도 유출수 사고가 발생하였다. 이 공구에서도 3년이 소요된 깊이 295m의 다카야마 수직갱에서 본갱을 시공하고 있었다. 여기서 분당 110톤의 대량의 유출수로 인하여 큰 타격을 받았는데, 이때에는 우회갱에 의해 시호우기 공구와 연결되었기 때문에 두 공구 모두 수직갱 바닥에서 225m의 높이까지 수몰되어 버렸다.

힘든 경험을 여러 번 되풀이한 이 지층을 야기사와층이라고 부르게 되었으며, 터널 굴착에는 가능한 한 피해야 한다는 판단하에 본선 루트의 일부가 변경되기도 하였다. 이 때문에 나카야마 터널에는 이 루트 변경으로 생긴 S자 커브가 생겨 신칸센의 최고 속도를 시간당 160km로 감속하는 구간으로 지정되었다.

세이칸 터널은 어떤 터널인가?

'세이칸 터널'은 1900년대 초부터 구상되었으나, 오늘날 구체적으로 조사가 개시된 시점은 1946년부터이다. 제2차 세계대전 이후 일본은 해외로부터의 수많은 귀환자들에게 생활터전을 제공해야만 했다. 그래서 국내 개발지로써 인구가 적고 넓은 대지를 가진 홋카이도가 선정되었다. 국철로 혼슈와 홋카이도 간의 수송기관을 설립할 필요성도 있었다. 세계 최초의 해저 터널인 간몬 터널을 1944년에 개통시켜 기술적으로도 자신감이 있었다. 그리하여 1946년에 조사를 시작한 후 약 40년, 시추조사를 개시한지 약 20년 후인 1985년에 본갱이 관통되고 그 이듬해에 궤도 설치를 완료할 수 있었다.

긴 세월 동안 많은 사건사고가 일어났는데 그 이야기는 영화 '해협'에서 자세히 소개되었다.

1964년 5월, 홋카이도 측 요시오카 사갱이 굴착되기 시작되어 1967년 3월에 사갱 바닥에 도달하였으나, 1966년 3월에 굴착을 시작한 혼슈 측 닷피 사갱은 난항을 거듭하여 1969년 2월 최대 분당 16톤의 이상 유출수로 타격을 입었다. 1971년 11월에 본 공사의 기공식이 거행되었지만 공사 중에 이상 유출수와 팽창성 지반, 미고결 지반 등으로 어려움을 겪었다. 특히 1976년 5월, 요시오카 공구 작업갱에서는 분당 70톤의 유출수로 작업갱이 3,000m, 본갱이 1,500m 수몰되는 사태가 발생하였다. 이처럼 터널 시공에서 무엇보다도 힘들었던 요인은 역시 물과의 싸움이었다.

터널 설계의 루트에서는 시모기타 반도 측보다 츠가루 반도 측이 단층 지형이 아닌 점과 해협부의 수심이 얕다는 이유로 현재의 루트가 선정되었다. 이 루트의 세이칸 터널 전체 연장은 53.85km이다. 아울러 그 거리는 JR 야마테선의 전체 연장의 1.5배에 해당되며, JR 도카이도선의 도쿄에서 츠지도오까지의 거리에 해당된다. 이 중에 해저 부분은 최대 수심이 140m로 연장이 23.3km에 달한다. 터널 토피고는 최소 100m를 확보하도록 설계되었고, 본갱 외에 선진도갱과 작업갱이 설계되었다. 선진도갱은 지질 확인과 배수를 주목적으로 본갱보다 먼저 굴착되었다.

세이칸 터널이 다른 산악 터널과 크게 다른 점은, 해저에 만들어지는 긴 터널이기 때문에 터널로 유입되는 용수원이 바다라는 무한의 수원이라는 것이다. 터널 굴착 중에 유출수가 발생하면, 그것은 큰 사고로 이어질 우려가 있기 때문에 세이칸 터널이라는 프로젝트 자체의 존망을 좌우하는 것이므로, 터널 기술로 주입 공법과 숏크리트 공법 등을 고안해 발달시켜 온 것이다. 아울러 이 터널에서 실시된 지반 주입은 가스미가세키 빌딩의 1.6배에 달하는 84만 7,000m^{2}나 되었다. 또 작업자는 연인원 120만 명에 달했다.

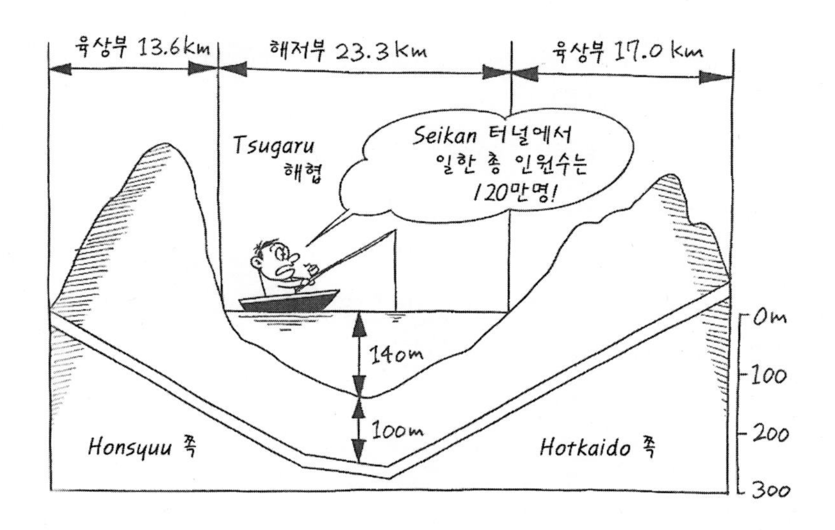

영불 해협 터널은 어떠한 역사를 가지고 있나?

1994년의 영불 해협(유로) 터널 관통으로 영국과 유럽 본토를 육로로 잇는 몇 백 년에 걸친 꿈이 실현되었는데, 영국과 프랑스 간의 30km에 달하는 해협을 터널로 잇는 계획이 처음으로 제안된 것은 1751년이다. 그 후 26가지의 제안이 있었다. 1802년, 프랑스의 광산기사인 알베르가 처음으로 해협 터널을 설계하여 나폴레옹에게 제출했다는 이야기는 잘 알려져 있다. 이듬해, 영국의 설계자 헨리모트리가 그 뒤를 이었다. 1830년 이후 증기기관차의 출현과 영국의 철도망 정비 사업으로 인해 철도 터널의 제안을 받아들였다. 그리고 19세기 중엽, 프랑스 광산기사 톰더가몬은 7종류의 서로 다른 설계에 30년을 투자했다.

최초의 터널 굴착 시도는 1880년에 바몬트가 TBM(터널 굴착기)을 사용하여 해협 양측에서 해저를 파기 시작한 것으로 거슬러 올라간다. 공사는 순조롭게 추진되고 있었지만 국방상의 이유로 영국 육군이 반대하였고 1883년에는 프랑스 측도 중지했다. 그 후 1880년대부터 1945년까지 해협 터널 구상은 수많은 기술자들에 의해 계속되었으나 두 번에 걸친 세계대전과 불황으로 인하여 모두 실행되지 못했다. 1955년 영국 국방장관이 해협 터널은 국방상 문제없다고 선언하여 1957년에 해협 터널연구회가 설립되었다. 그리고 1960년에 연구회는 2개의 본선 터널과 1개의 서비스 터널로 이루어진 철도 터널을 제안하여 1973년 정식으로 사업이 시작되었으나, 1975년 오일쇼크로 인한 경제적인 문제로 중단되었다.

1984년 영국의 대처수상과 프랑스의 미테랑 대통령이 터널 건설협정을 조인하면서 건설 및 완성 후의 운영을 민영화하기로 합의하였다. 1985년에 입찰 공모되어 그해에 네 가지 제안이 나왔고 이듬해 유로 터널 사가 선정되었다. 그리고 200년 동안이나 계속 중단되어온 영불 해협 터널(유로 터널)이 1987년에 본격적으로 착공되었다.

터널은 프랑스의 카레이와 영국의 포크스톤을 잇는 50.5km짜리로 바로 전에 개통된 53.9km의 일본 세이칸 터널보다 약간 짧으며, 해협부의 최대 수심은 60m로 세이칸 터널의 140m보다 비교적 얕다. 단, 해저부의 연장은 38km로 세이칸 터널의 23.3km를 훨씬 넘는다. 지질은 매우 안정된 불투수성의 연암으로 TBM 굴진에는 최적이기 때문에 선형도 이 지층을 겨냥하여 결정되었다. 영국과 프랑스 모두 TBM을 이용하였다. 영국 측에서 해안 부근에 예상외의 단층이 출현하여 굴진작업이 어려움에 봉착했으나 기계를 개량하여 순조롭게 굴진하였다. 프랑스 측의 5대의 TBM 중, 4대는 일본에서 만들어진 것으로, 굴진개시 후 반년 정도는 익숙지 못해 손이 많이 갔지만 그 다음부터는 순조롭게 진행되었다. 이후 철도 터널에서는 영국 측이 월 1,911m, 프랑스 측이 월 1,256m를 굴진하는 경이적인 기록을 세우기도 했다.

1994년 영국의 엘리자베스 여왕과 프랑스의 미테랑 대통령이 참가한 가운데 성대하게 개통된 영불 해협 터널은 1996년에 화재사고도 있었지만 현재 순조롭게 이용되고 있다.

여객은 유로스타로 불리는 열차로 런던에서 파리까지 가는데 3시간밖에 걸리지 않는다. 본 터널에서는 승용차를 열차로 실어 나르는 카 트레인 방식이 적용되어 양 갱구부 근처에 넓은 터미널을 마련하였다. 이 두 터미널은 전용열차로 35분 걸린다.

도쿄만 아쿠아라인은 어떻게 만들어졌나?

'도쿄만 아쿠아라인'은 자동차 전용도로 네트워크 정비의 일환으로 도시부와 그 주변부의 교통 혼잡을 줄이기 위해 도쿄만을 횡단(가와사키시 ~ 기사라즈시)하도록 건설된 연장 15.1km의 유료도로이다.

도쿄만 아쿠아라인은 육상부(0.9km), 터널부(약 9.5km, 가와사키 인공섬을 포함), 우미호타루(0.3km), 교량부(4.4km)로 나누어진다.

터널의 가와사키시에서 가와사키 인공섬까지의 4.6km 구간과 가와사키 인공섬에서 우미호타루까지의 4.5km 구간은 쉴드 공법으로 건설되었다. 터널 굴착 방법의 한 가지인 쉴드 공법은 회전 커터가 붙은 원주형태의 기계(보링머신)로 지반을 굴착한 후, 콘크리트 블록(세그먼트 : 외경 Φ 13.9m, 폭 1.5m, 두께 0.65m를 11등분할)을 조립하여 지반을 안정시키는 공법이다.

이 터널 공사의 특징은 다음의 세 가지로 요약할 수 있다.

① 터널 단면이 큰 점(직경 약 14m 정도)

② 연약지반 속에 인접하는 대단면 터널을 병렬로 장거리 구간을 굴착하는 점(상・하행선간 이격 거리는 약 10m 정도)

③ 고수압(0.6MPa : 해면 아래 약 60m의 수압에 상당함)이 작용하는 해저지반 내에 터널을 구축하는 것

공사는 공기를 단축하기 위하여 쉴드기를 8개소(우키지마 측 : 2기, 가와사키 인공섬 : 4기, 기사라즈 인공섬 : 2기)에서 발진시켜 각각 2～3km 굴착한 후에 해저지반 속에서 쉴드 기계가 서로 전면에서 도킹하는 지중접합방식(4개소)으로 진행되었다. 작업은 ① 쉴드 발진기지(8개소)구축, ② 발진기지의 방호, ③ 굴착 및 세그먼트 조립, ④ 지중접합(4개소)의 순서로 이루어졌다.

쉴드 발진기지 부근에서는 지반표면과 쉴드기의 거리가 짧아(토피고가 낮은) 지반이 붕괴되기 쉽기 때문에 일시적으로 지반을 얼려서 단단하게 해주는 동결 공법을 적용하면서 터널 굴착작업을 실시하였다.

세그먼트의 조립작업은 ① 고소작업(약 14m), ② 세그먼트 무게가 무거움(1세그먼트당 약 10톤), ③ 세그먼트를 고정하는 볼트의 체결력 부족 등의 이유로 인력으로는 힘들다고 판단하여 세그먼트 자동 조립 장치로 세그먼트를 조립하여 지반의 안정을 꾀하였다.

지중접합은 ① 선발 쉴드기로 소정 위치까지 굴착한 후 쉴드기를 1차 해체, ② 탐사장치로 위치 확인을 하면서 후발 쉴드기를 선발 쉴드기에 동결공법을 적용하면서 도킹, ③ 도킹 후에 2차 해체를 하는 순서로 진행되

었다.

쉴드 터널 공사는 1994년 8월부터 1996년 8월까지 약 2년에 걸쳐 굴착 연장 18.252km의 쉴드 터널이 완성되었다.

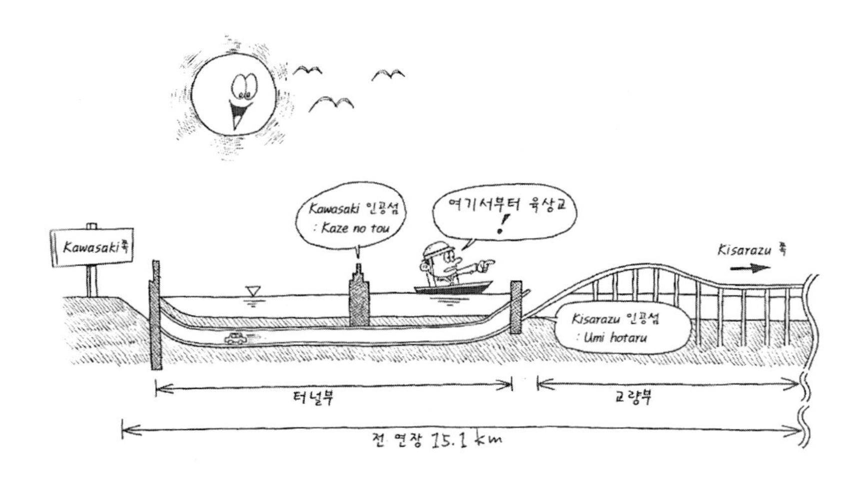

칼럼 4

★터널과 관련된 이야기는 어떤 것이 있나?

①【터널 수호신】
일본에서는 터널을 지키는 산신령을 '여자' 또는 '암캐'라고 전해진다. 산신령은 살아있는 생명체이며 터널 갱부들은 살아있는 것들을 소중히 여긴다는 이야기이다.

②【터널 갱내에 여자가 들어가면 안 된다】
터널의 산신령과 동성인 여자가 터널로 들어가면, 산신령의 질투로 산이 흔들려 낙반사고가 발생한다고 믿었다. 이는 터널 내 작업환경이 여자들이 일하기에는 남자들보다는 위험하다는 인식에서 나온 것이다. 동시에 여자가 그러한 환경에 일하는 것은 위험하다는 배려도 포함되어 있을 것이다. 이와 마찬가지로 산신령으로 생각되는 개를 갱내에 들여보내서도 안 된다고 여겼다.

③【갱내에서 피리를 불면 안 된다】
갱내에서 피리를 불면 산신령이 춤을 추기 때문에 암반사고가 일어난다고 여겼다. 이것은 항상 생명에 위협을 받고 있기 때문에 험악한 터널 작업에서는 정신을 똑바로 차리고 불필요한 행동을 해서는 안 된다는 생각에서 나온 것으로 보인다.

④【밥에 국물을 부어 말아먹어서는 안 된다】
밥에 된장국이나 차를 부어서는 안 된다고 하였다. 이는 산에 물이 들어가면 붕괴된다는 의미에서 유래된 이야기이다.

⑤【터널의 관통석은 순산을 도와준다】
긴 터널을 양쪽에서 파 들어가다가 관통 지점에서 마지막으로 파인 암석조각을 관통석이라고 한다. 적들의 배후에 터널을 뚫어 승리를 거둔 것을 기념한 것으로 그 옛날 신공황후가 관통 지점의 돌을 갖고 돌아가서 분만 시 베개 밑에 두었는데, 신기하게도 아주 편안하게 아기를 낳았다는 이야기에서 유래된 것이다.

3 터널의 조사·설계

③ 터널의 조사·설계

터널의 출구와 입구 부분을 갱문이라고 한다. 터널의 얼굴이 되는 만큼 주변 환경과 자연환경을 충분히 고려하여 설계되기 때문에 여러 가지 형태로 만들어진다. 관련 사진을 수집하는 것도 흥미로울 것이다.

이 장에서는 터널 굴착 지점의 지질조사법과 암석과 암반 차이에 대한 조사단계에서의 의문점, 터널의 역학적인 해석에 따른 설계방법, 최첨단 설계기술, 역해석 이야기 등 다소 기술적인 내용과 터널 굴착기계에 대해서 설명하고자 한다.

NATM 설계의 해석 방법은 어떤 것이 있나?

NATM를 통한 산악 공법 터널의 단면형상과 굴착 방법, 지보부재를 설계하는 방법은 경제적 방법과 역학해석적 방법으로 분류할 수 있다. 여기서는 후자의 역학해석적 방법에 대하여 설명한다.

NATM 설계의 역학해석적 방법은 다시 두 가지 방법으로 나눌 수 있다. 그 하나는 이론해석법이며 다른 하나는 수치해석법이다.

이론해석법이란 지반 내부의 힘의 균형에 관한 미분방정식에서 도출된 터널 주변의 응력과 변위분포의 이론식을 이용하여 필요한 지보부재를 설계하는 방법이다. 많은 연구자들이 여러 가지 조건하에서의 이론식을 제안하고 있으나, 어느 방정식이든 기본적으로는 지반은 균질하고 터널의 형상이 원형인 것을 조건으로 하고 있기 때문에, 터널 주변 지반의 단단함이나 강도는 장소마다 크게 변화하고 있는 복잡한 지반조건의 경우이나 다양한 터널 형상을 검토하는 경우에는 적용이 어려워진다. 그러나 이론해석법은 일반 전자계산기로 계산할 수 있는 정도의 매우 간편한 계산방법이므로 이론식의 의미를 충분히 이해하여 적용범위를 한정하면 NATM의 개략설계에 매우 유용하게 활용된다.

수치해석법은 컴퓨터를 사용하여 직접적으로 지반에 생기는 변위나 그에 따라 발생하는 응력의 수치적인 근사치를 구하여 터널을 설계하는 방법이다. 수치해석법은 이론해석법에 비해 지반의 불균질성을 고려할 수 있고, 터널 단면의 형상을 제약 없이 임의로 설정할 수 있으며 터널의 시공순서를 고려한 해석이 가능하며 지반의 응력과 변형률 관계의 여러 가지 성질을 고려할 수 있는 등 많은 이점이 있다. 그렇기 때문에 최근의 컴퓨터 기술의 발전에 따라 계산노력이나 계산비용의 저하와 맞물려 터널 계산에 자주 활용된다. 이 수치해석법에 대해서도 여러 방법이 제안되고 있는데, 그중에서 가장 일반적으로 많이 쓰이는 것이 FEM(Finite Element Method, 유한요소법)이라는 방법이다.

FEM에서는 먼저 해석 대상 영역(NATM 설계의 경우는 터널과 그 주변 지반)을 사각형이나 삼각형 등의 단순한 형상으로 세밀하게 분할한다. 분할된 영역 하나하나는 요소라 불린다. 다음은 각 요소의 응력과 변형률의 관계를 정의하게 된다. 최종적으로는 각 요소마다의 힘의 균형방정식을 해석 영역 전체에서 서로 중첩시켜, 요소를 구성하는 절점(분할된 선과 선의 격자점)의 변위를 미지수로 하는 연립방정식을 작성하고, 이것을 풀어냄으로써 지반 전체의 변위와 응력을 근사적으로 구할 수 있다. FEM은 범용성이 높기 때문에 터널 해석뿐만 아니라 토목공학 분야에 널리 쓰인다. 건축, 기계, 전기공학 등 많은 공학 분야의 연구개발과 실무설계에도 이용되고 있으며, 최근에는 수많은 FEM의 컴퓨터 프로그램이 시판되고 있다.

FEM은 1950년대에 미국에서 개발되어 지반공학 분야에서는 1969년대 후반부터 적용되기 시작했다. FEM를 통해 터널 설계가 비약적으로 진보되고 고도화되었다고 할 수 있다. 그러나 지반의 물성치를 사전에 정확히 파악하기 어려운 점, 지반 및 지보공의 수치 모델링도 역시 아직까지 한계가 있는 점 등 설계에 관한 문제는 여전히 많이 남아 있는 것이 현실이다.

최첨단 터널 설계 기술은 어떤 것이 있나?

최근 터널은 대단면화의 진행과 동시에 특수한 조건의 터널이 늘어나고 있다. 아무리 특수한 터널이라도 안전하고 합리적으로 건설할 수 있도록 대학교나 관청, 기업의 연구기관 등에서는 항상 터널의 설계기술에 관한 연구와 개발이 진행되고 있다. 여기서는 최신 터널 설계기술을 소개하고자 한다.

최근에는 컴퓨터 기술이 급속히 발전하여 매우 방대하고 복잡한 계산을 빠르게 할 수 있기 때문에 지반 중에 터널을 굴착할 경우, 터널구조물 등의 거동을 상세하게 시뮬레이션할 수 있게 되었다.

예를 들어, 본선 터널에서 지선 터널이 분기하는 복잡한 형상의 터널 설계를 하는 경우에도 컴퓨터상에서 3차원 해석 모델을 만들어 앞에서 소개한 FEM에 의해 지반의 변형이나 지보공에 작용하는 힘을 적절하게 구할 수 있기 때문에 복잡한 터널 구조의 설계 정밀도가 크게 향상되었다.

균열이 많은 암반에 터널을 시공하는 경우, 어떤 지반 블록이 붕괴될 가능성이 있는지를 추출해내는 키블록 해석(111쪽 참조)과 그러한 터널이 어떻게 붕괴되는가를 시뮬레이션할 수 있는 DEM(Distinct Element Method, 개별요소법)과 DDA(Discontinuous Deformation Analysis, 불연속 변형법) 등이 최신 설계 해석기술로 개발되어 있다.

상기와 같은 고도의 해석기술이 있어도 터널의 사전설계 정밀도를 향상시키는 데에는 한계가 있다. 왜냐하면 터널은 지중의 좁고 긴 구조물이며 다양한 지질 속을 지나기 때문에 그 모든 지질 상황을 사전에 완벽하게 파악하는 것은 실질적으로 불가능하기 때문이다. 따라서 터널의 사전설계는 어디까지나 잠정적인 것으로써, 실제로는 대부분 터널을 시공하면서 지질을 관찰하여 그에 맞게 설계를 변경해가는 '정보화 시공'의 개념으로 터널을 만들고 있다(173쪽). 정보화 시공의 흐름을 보면 시공시의 계측 결과에 따른 설계변경 기술도 터널의 설계기술로서 중요하다는 것을 알 수가 있다. 이 설계변경 기술의 핵심은 터널의 계측 결과로 지반의 물성치를 역으로 측정하는 역해석 기술이다. 118쪽에서 터널의 역해석에 대하여 해설하고 있는데, 최근에는 지반 모델을 보다 상세히 할 수 있는 터널 역해석 방법이 여러 가지로 개발되어 실용화 연구가 진행되고 있다.

앞에 설명한 내용은 주로 산악 공법 터널을 대상으로 한 최신 설계기술에 대한 것이다. 다음은 개착 터널과 쉴드 터널의 최신 기술에 대해 알아보자. 지금까지는 터널이 지진에 강하다고 여겼으나, 1995년에 발생한 고베 지진에서는 개착 터널의 일부에 큰 피해가 발생하였다. 그것을 교훈으로 지금은 쉴드 터널과 개착 터널에서 '면진 터널'이 최신의 설계 · 시공기술의 하나로 관심을 모으고 있다. 면진 터널의 원리는 면진층이라 불리는 부드러운 재료를 터널과 지반 사이에 끼워, 지진에 따른 지반 변형을 면진층에서 흡수하여 직접 터널구조물의 변형을 줄이고자 하는 것이다. 면진층에는 고무와 실리콘, 우레탄 재료가 사용된다. 이와 같은 면진 터널 설계에서는 면진층의 복잡한 특성을 충분히 고려한 고도의 수치해석이 요구된다.

막장 전방 예지란 무엇인가?

막장이란 굴착하고 있는 터널의 최선단부를 가리키는데, 그 막장 앞의 지질이 어떠한지 굴착 전에 알 수 있다면 해당 지질에 적합한 시공법을 신속하고 적절하게 선택할 수 있어 공사의 안전성과 경제성을 높일 수 있다. 예를 들면, 막장의 수십 m 전방에 단층파쇄대 등의 취약하고 물이 많이 포함된 지질이 존재하는 경우, 사전에 그 존재를 알 수 있다면 막장에서 땅속으로 깊은 구멍을 굴착하여 취약한 지질 내의 지하수를 먼저 빼주거나 약액 주입에 의한 지반 고화로 막장을 안정시켜 터널을 보다 안전하게 굴착할 수가 있다. 그러나 지질정보를 얻을 수가 없다면 연약한 지질이 갑자기 막장에 드러나기 때문에 대책을 강구하기도 전에 막장이 붕괴될 수도 있다.

막장 전방 예지란 터널 굴착 최선단부에서 전방의 지질이 어떻게 되어 있는지 미리 감지하는 중요한 터널 조사 기술이다. 다음은 막장 전방 예지를 어떠한 방법으로 실시하는지를 소개한 것이다.

① 선진 보링

땅속에 깊은 구멍을 파는 것을 보링이라 한다. 보링을 하면 그 위치의 흙이나 암석을 채취하기도 하고 지하수의 용수상황을 조사할 수도 있기 때문에 지질 상황을 직접 파악할 수가 있다. 통상적으로 보링은 지면에서 수직으로 실시하는데, 선진 보링은 막장에서 수평방향으로 실시한다. 전방의 지질 조사뿐만 아니라 지하수를 빼는 역할도 선진 보링에는 포함되어 있다. 보링의 길이는 수십 m 정도가 보통인데, 세이칸 터널 공사에서는 2,150m의 매우 긴 선진 보링을 실시하여 터널이 지나갈 코스의 지질과 지하수 상황을 알아냈다고 한다.

② 천공검층

보링공을 이용하여 지반 내의 정보를 조사하는 것을 검층이라고 한다. 유압 드릴로 선진 보링을 할 때에 얻은 천공에 필요한 힘과 천공속도 등의 데이터를 토대로 막장 전방 50～100m까지의 지질을 예측하는 시스템이 개발되어 있다.

③ 속도검층

막장 전방에 천공한 보링공에 몇 개의 수진기를 설치한 후에 막장에서 인위적으로 발파 등에 의한 진동을 가한다. 그러면 각 수진기가 진동을 감지한 시간으로부터 지반 내의 진동이 전달되는 속도(탄성파 속도)의 분포를 구할 수가 있다. 지반이 단단하면 탄성파 속도가 커지고, 연약하면 반대로 탄성파 속도가 작아지기 때문에, 탄성파 속도의 분포는 막장 전방의 지질을 예측하기 위한 중요한 정보가 된다. 이처럼 보링공을 이용하여 지반의 탄성파 속도 분포를 구하는 기술을 속도검층이라고 한다.

④ 탄성파 탐사법

앞에서는 막장에서의 수평 보링을 이용한 막장 전방 예지기술을 설명하였는데, 수평 보링을 실시하지 않는 막장 전방 예지기술로 탄성파 조사법이 있다. 이 방법은 터널 내에서 발파 등에 의한 진동을 인공적으로 일으켜 터널 벽면에 설치한 수진기로 지층의 변화면에서 반사된 진동을 잡아내 막장 전방의 지질을 추정하는 방법이다. 탄성파 조사법으로는 TSP(Tunnel Seismic Prediction)와 HSP(Horizontal Seismic Profiling)라는 방법이 있는데, 양자의 탐사원리는 같으며 발진기나 수진기 수에 차이가 난다. 최근에는 일부러 발파를 하는 것이 아니라 터널 굴착기 등의 진동을 잡아내어 의료 현장에서 사용되는 CT 촬영기와 같이 3차원적으로 막장 전방의 지질 상황을 표시하는 반사 토모그라피라는 방법도 개발되었다.

암반의 키블록이란 무엇인가?

터널이 지나는 암반에는 대개 균열이나 절리(암반 내의 거의 일정방향으로 발달하고 있는 틈), 단층 등이 존재한다. 이러한 것들을 총칭하여 암반의 불연속면이라고 하는데, 불연속면은 터널 공사의 안전성과 경제성에 크게 영향을 미친다.

통상적으로 암반은 불연속면이 다수 교차되어 형성된 블록들이 조합되어 생긴 것이라고 볼 수 있다. 이와 같은 암반 내에 터널을 굴착하면 터널 벽면을 하나의 자유면으로 하는 새로운 암반 블록이 많이 형성된다. 이 암반 블록 중에는 형상과 치수, 서로의 위치관계 등의 측면에서 볼 때, 그것이 떨어지면 암반 전체의 붕괴로 이어지는 암반 블록이 터널 주변에 존재하게 된다. 이 암반 블록을 키블록이라고 한다. 키블록이 아닌 그 밖의 암반 블록은 키블록이 움직이지 않는 한 이동하지 않는다. 따라서 키블록을 신속히 찾아내 이 부분에 록볼트 등으로 지보를 실시하면 터널 설계가 보다 합리적으로 이루어질 수 있다.

다음 그림에서 컴퓨터 그래픽은 어느 터널 벽면에 형성된 키블록의 분포이다. 이들은 많은 불연속면의 주향과 경사의 3차원 정보를 토대로 기하하적인 계산방식으로 추출된 것이다.

그렇다면 암반의 불연속면에 대한 정보는 어떻게 알아볼 수 있을까? 예전에는 터널을 굴착하면서 그 벽면에 출현한 불연속면을 관찰하여 거기에서 키블록을 추정하였으나, 터널 굴착 전방부까지 정밀하게 추정할 수가 없다. 벽면을 관찰하는 동안에는 숏크리트 시공을 할 수 없기 때문에 공사 진행에 방해되기도 한다. 요즘에는 막장에서 터널 진행방향으로 보링을 하여 보링 코어(보링으로 빼낸 원통형의 암반이나 흙)의 관찰결과로 불연속면 정보를 얻거나 TBM(터널 보링 머신)의 후방에 이동식 카메라를 달아 TBM으로 굴착하면서 터널 벽면상의 불연속면 정보를 조사한 결과를 대단면 터널에 대한 확폭 공사 시 이용하는 내용을 검토하고 있다.

이상과 같은 키블록의 조사 · 추출과 터널의 지보설계는 아직까지도 개발 중에 있어 극히 일부의 터널(예를 들면, 제2도메이신 고속도로의 터널이나 지하발전소의 일부)에만 적용되었지만, 앞으로 점점 더 연구 · 개발될 것으로 기대된다.

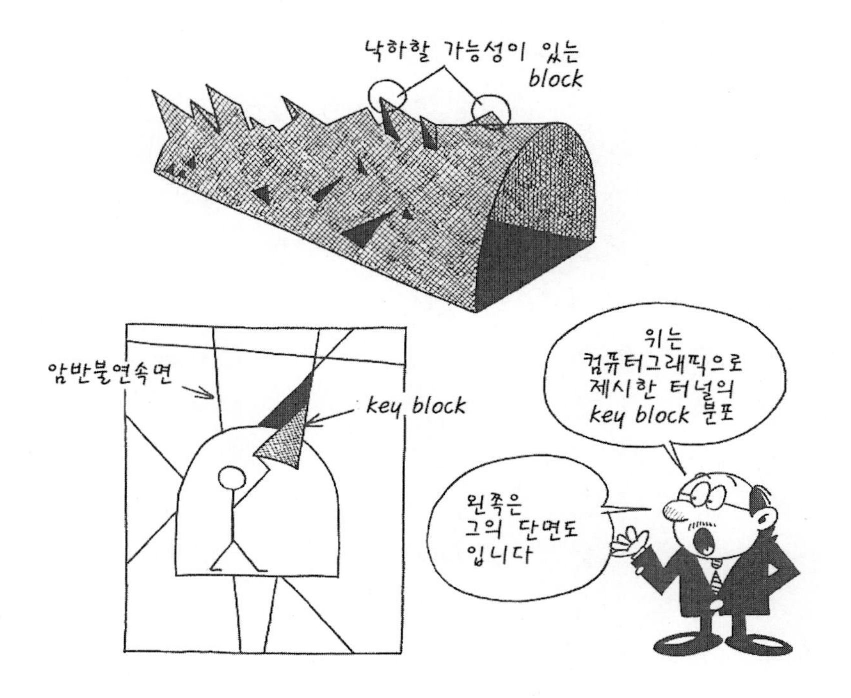

지반의 초기응력이란 무엇인가?

지반 내부에는 터널 굴착 이전부터 흙의 자중, 플레이트텍토닉스, 단층 운동 등에 의한 지각변동의 영향을 받은 응력(물체 내부에 생기는 단위면적당의 힘)이 발생하고 있다. 이와 같이 굴착 이전부터 존재하는 지반의 응력을 초기응력 또는 초기지압이라고 한다. 초기응력은 1차 지압이라고 하는데, 터널 굴착 후의 지반의 응력(2차 지압)과는 다르다. 초기응력은 터널 등 지하에 공간을 구축하는 경우에 그 공간을 짓누르는 힘을 말하며,

터널 설계의 중요한 외력조건이 된다.

초기응력은 연직방향뿐만 아니라 수평방향으로도 작용하며, 초기응력의 수평방향 성분과 연직방향 성분의 비를 측압계수라고 한다. 거의 수평으로 지층이 퇴적되어 있는 평야부의 토사 지반에서는 초기응력의 연직방향 성분은 토피 두께(터널에서 지표면까지의 거리)에 흙의 단위 체적 중량을 곱한 것, 즉 흙의 자중에 해당한다. 수평방향 성분의 초기응력을 규정하는 측압계수는 0.5~1.0 정도인데, 연약한 점토인 경우는 1에 가까우며 지반이 단단할수록 측압계수는 작아진다. 그러나 실지반의 정확한 측압계수값은 토질시험에서 얻은 흙의 강도 특성과 그 위치에서의 지하수위에 기초로 하여 구한다.

산악부의 초기응력은 지반의 외적형상(지형)과 지각변동의 습곡(지층이 주위로부터의 큰 힘을 받아 파도치는 듯한 형상으로 구부러지는 것)등의 영향을 받아, 평야부와 마찬가지로 비교적 간단히 산정할 수 없는 경우가 대부분이다. 측압계수도 지각변동에 의한 힘을 받아 1.0을 크게 넘을 때도 있다. 따라서 산악부에서 중요한 지하구조물을 만들 경우에는 유한요소법 등의 수치해석을 이용한 자중계산으로 초기응력을 추정하는 방법과 원위치에서의 초기응력을 미리 측정하는 방법을 이용한다.

계측에 의해 암반의 초기응력을 구하는 방법에는 여러 종류가 있으나, 크게는 다음 세 가지로 나뉜다.

① 오버 코어링법

② 수압 파쇄법

③ 암석 코어를 이용한 방법

오버 코어링법은 응력 해석법이라고도 하는데 측정기를 부착한 암반을 주변의 암반에서 떼어내 그 암반에 작용하고 있는 응력이 해방되었을 때 생기는 변형량과 암반의 탄성계수·포아송비로 초기응력을 추정하는 방법이다. 수압 파쇄법은 보링공 벽면에 인장응력에 의한 균열이 생길 때까지 수압을 작용시켜 그 수압 측정결과로 초기에 작용하고 있던 응력을 추정하는 방법이다. 그리고 암석 코어를 이용한 방법은 상기의 두 가지의 방법과 같은 원위치에서의 시험과 달리, 보링에 의해 채취한 암석 코어의 실내실험을 통하여 AE(Acostic Emission)로 불리는 극소 파괴음의 측정 등으로 초기응력을 구하는 방법이다.

그러나 상기 방법은 모두 초기응력을 구하는 위치까지 터널 또는 보링공을 파야 하므로 본래의 초기응력을 잃어버려 암반의 초기응력 정밀도를 높게 계측한다고는 볼 수 없다. 따라서 앞으로 측정 정밀도나 측정법과 관련된 연구는 지속적으로 진행되어야 한다.

지반 강도비와 지반 안정성은 어떠한 관계가 있는가?

지반 강도비는 지반의 일축 압축 강도와 토피압(대상 위치의 깊이와 지반의 단위 중량과의 곱)의 비로 정의되며, 터널의 안정성을 개략적으로 평가하기 위한 중요한 지표로 자주 사용된다. 다음은 지반 강도비와 터널 안정성과의 관계에 대한 설명이다.

지반의 내부에는 암반의 자중에 기인하는 응력이 터널 굴착 이전부터 존재하는데, 앞에서 이를 초기응력(초기지압)이라고 소개하였다. 암반을 굴착하면 그 초기응력이 해방되어 터널 주변에서는 응력의 재분배가 일어난다. 이때, 터널 주변의 응력상태는 어떻게 될까?

간단히 설명하기 위해, 지반의 초기응력은 토피압에 해당하는 등방·등압 상태($\sigma_X = \sigma_Y = \sigma_z = \gamma h$: 여기서 γ는 지반의 단위 체적 중량, h는 토피 두께)로 가정한다. 지보공이나 막장의 존재 등은 무시하고, 지반을 균질 탄성체로 보았을 경우의 원형터널 벽면의 원주방향응력 σ_θ와 반경방향응력 σ_γ은, 탄성이론에 의해 $\sigma_\theta = 2\sigma_0 = 2\gamma h$, $\sigma_r = 0$이 된다. 즉, 터널을 굴착하면 터널 벽면과 동일한 방향의 응력은 초기응력의 2배, 터널 벽면에 직교하는 방향의 응력은 '0'이 된다. 결과적으로 터널 벽면 부근의 응력상태는 일축 압축 상태가 되며, 터널이 파괴되는지 안 되는지는 이 벽면 방향 응력과 지반의 일축 압축 강도 q_u를 비교하면 대략적으로 파악할 수 있다. 이러한 이유로 인해 지반 강도비 $q_u / \gamma h$로 터널의 안정성을 따져본다면 $q_u / \gamma h \geq 2$의 경우는 안정, $q_u / \gamma h < 2$의 경우는 불안정하다고 판단할 수 있다.

이와 같이 지반 강도비는 아주 간단하게 터널의 안정성을 추정할 수 있는 개념인데 여기서 지반의 초기응력이 등방・등압이라고 가정한다. 그리고 막장이 존재하는 효과도 고려하지 않는다. 지반 강도비의 산정에 쓰이는 지반의 일축 압축 강도는 터널 스케일의 암반으로서의 일축 압축 강도이어야 하는데, 통상적으로는 균열을 포함하지 않는 작은 공시체를 이용한 실내시험에 의한 암석의 일축 압축 강도만 얻을 수 있기 때문에 이 값으로 지반 강도비를 추정하는 예가 많다.

터널 스케일의 암반에 대한 일축 압축 강도는 균열이나 절리의 영향으로 암석의 일축 압축 강도에 비해 작아지는 것은 확실하나, 암석의 일축 압축 강도를 어느 정도 저감시키는지를 판단하기가 어려워, 탄성파 시험 등으로 간접적으로 추정하든가, 아니면 경험적으로 제안된 값을 이용할 수밖에 없다. 따라서 일축 압축 강도의 값에는 불확실성이 많이 포함되어 있어, $q_u / \gamma h \geq 2$의 경우라도 반드시 지반이 안정되어 있다고는 볼 수 없고, $q_u / \gamma h < 2$의 경우라도 불안정하지 않는 경우도 있을 수 있다.

이와 같이 지반 강도비는 터널 굴착의 난이도를 나타내는 지표이지만 어디까지나 개략적이고 상대적인 기준으로 인식해야 한다.

터널의 역해석이란 무엇인가?

지반은 원래 균일하지 않고 불확실하기 때문에 그 내부를 굴착하는 터널 시공조건 등도 작업을 하기 전에는 불확실한 부분이 많아, 터널 설계단계에서 모든 현상을 완벽하게 예측하기란 거의 불가능하다. 터널 시공 중 계측치가 사전의 예측치와 거의 일치하는 경우가 드물어 두 값이 크게 달라지는 경우가 자주 있다. 이러한 경우 계측치와 예측치의 차이가 터널 시공의 안전관리에 영향을 주는지를 신속히 판단하여야 한다.

시공 중 터널 안전성을 계측에 의해 평가하여 그 결과를 다음 시공단계의 예측에 활용할 수 있는 수단으로 '역해석'이라는 것이 있다.

역해석은 다음의 그림과 같이 문자 그대로 통상의 해석(순해석이라고도 함)과 반대의 순서로 수행하는 해석방법이다. 즉, 순해석에서는 대상으로 하는 터널과 주변 지반의 물성(변형 특성이나 강도 특성 등)에 기초하여 해석 모델을 만들고 여기에 하중을 작용시켜 터널이나 주변 지반의 변위와 응력을 구한다.

반면, 역해석에서는 지반의 변위나 응력상태로부터, 지반의 물성이나 터널에 작용하는 하중상태를 역산하는 것이다. 역해석으로 시공 도중의 터널의 계산치(대부분은 변위가 이용됨)와 부합하는 탄성계수와 포아송비 등의 물성치를 구할 수 있다. 이를 이용하여 순해석을 하면 그 시점에서의 터널 주변 지반의 변형 및 응력상태 등을 추정할 수 있을 뿐 아니라, 그 다음 시공단계의 터널 거동에서도 지반의 물성이나 하중조건 등이 불확실했던 설계단계보다 매우 높은 정밀도로 예측해석을 할 수 있다. 물론, 설계치에는 많은 오차가 있을 수 있으며, 역해석에 쓰이는 수치 모델도 현실을 모두 반영할 수 없기 때문에 지반의 정확한 물성치가 역해석으로 얻어지는 것은 아니다. 어디까지나 역해석에서 사용되는 수치 모델의 범위에서 터널 거동을 잘 설명하는 물성 파라미터로써 인식해야 한다.

넓은 의미로는 지반의 물성이나 외력조건의 역산뿐만 아니라, 통상적으로는 주어진 조건이라 할 수 있는 것(예를 들면, 경계조건이나 해석 영역의 지배방정식 등)을 역으로 추정하는 것 모두가 역해석의 범주에 포함되나, 터널의 역해석이라고 하는 경우에는 상술한 바와 같이 터널의 변위 계측치로부터 터널 주변 지반의 물성치와 초기응력을 추정하는 방법으로 해석되며, 특히 일본에서는 고베 대학의 사쿠라이 명예교수가 개발한 역해석 방법을 이용하는 경우가 많다. 그가 개발한 역해석은 역정식화법(逆定式化法)에 의한 역해석이라고도 하며, 터널 변위의 일부를 기지수로 하고 하중이나 물성을 미지수로 하여, 통상적인 순해석과 전혀 반대의 정식화에 의해 지반의 초기응력과 탄성계수비를 구하는 것이다.

현재 상술한 방법 이외에도 여러 가지 역해석 프로그램이 실용화되고 있으며, 일부는 시판되는 것도 있다. 역해석 방법에 대한 연구도 대학교나 민간기업의 연구기관에서 활발하게 진행되고 있다. 연구 성과나 개발된 프로그램들이 터널 현장 실무에서 이용될 수 있기를 기대한다.

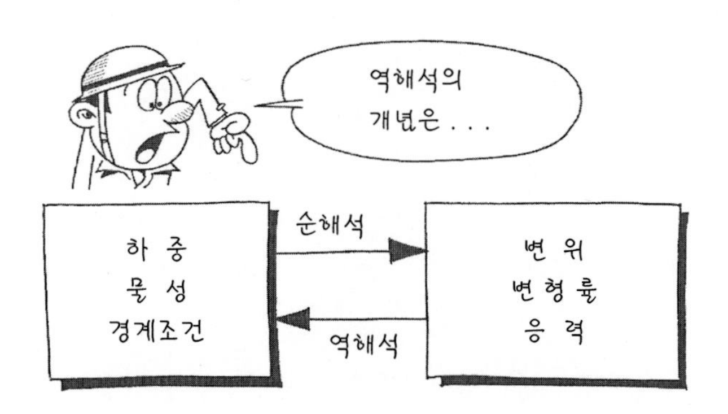

암반의 크리프란 무엇인가?

크리프는 영어로 'creep'라고 쓰며, 일반적으로는 '서서히 다가오다' 또는 '기어가다'라는 의미로 쓰이는 단어인데, 암반공학에서 쓰일 때는 시간이 경과함에 따라 암반이 서서히 변형되는 현상이다. 정확히 크리프에 대해 설명하면, '어느 일정한 응력하에서 서서히 변형량이 커지는 현상'이라 할 수 있다. 흙이나 암반에 어떤 외력을 가하면 변형이 시간과 함께 증가하는데, 이러한 크리프적 거동은 어떠한 흙이나 암반이라도 많든 적든 일어난다. 흙에 포함된 물의 이동에 의해 일어나는 압밀현상과 같은 변형과는 구별되며, 흙이나 암반의 점탄성적 성질, 또는 점소성적 성질에 의해 일어나는 시간 의존적인 변형거동을 통상적으로 '크리프'라고 정의한다.

점토의 크리프는 2차 압밀(과잉 간극 수압이 '0'이 되어도 압축 침하가 계속됨)이라는 현상으로 잘 알려져 있으며 설계 시에도 유의해야 할 요소로 인식되었으나, 암반 속을 굴착하는 터널에서 발생하는 크리프의 양도 굴착에 의해 순간적으로 발생하는 변형에 비해 반드시 작다고는 할 수 없다. 특히 연암지반인 경우는 굴착 직후에 발생하는 변형보다 몇 배의 변형이 시간과 함께 나타날 때도 있다.

예를 들면 광산 터널에서는 채굴이 끝나면 그 터널을 방치하는 경우가 많아 일반적으로 그다지 좋은 지보공을 시공하지 않는데, 크리프가 큰 지질의 광산에서는 공용 기간 중에 갱도가 묻힐 정도의 크리프 변형이 일어날 때가 있다. 이러한 지질의 경우, 굴착 후 지보공을 가능한 빨리 시공하여 크리프 진행을 방지할 뿐 아니라 지보공을 설계할 때에도 크리프에 의해 시간이 늦어져 큰 하중이 지보공에 가해지는 것을 가정하여 계산하여야 한다.

연암의 크리프는 응력에 의해 연암을 구성하는 물질끼리 시간 경과와 함께 서서히 미끄러져 가는 현상으로 해석할 수 있는데, 화강암과 같은 단단한 암반에서는 크리프의 메커니즘이 연암과는 달리, 암석 내부에 존재하는 대단히 많고 미세한 균열의 선단에 집중된 응력에 의해 조금씩 균열이 발달하여 크리프가 생긴다.

일반적으로 크리프에 의한 변형은 시간이 지나면 수렴하는 것으로 생각하는데, 가해진 하중의 크기에 따라서는 수렴하지 않고 크리프 파괴 현상이 발생하기도 한다. 단단한 화강암이라도 크리프 파괴가 발생하기도 하는데, 이는 미세한 균열이 진전되어 균열끼리 연결되어 결국은 암석이 붕괴된 것으로 해석되기도 한다.

크리프 변위(또는 변형량)의 시간경과를 그래프로 나타낸 것을 크리프 곡선이라고 한다(다음 그림 참조). 암반에 하중이 작용한 순간에 곧바로 변형이 생겨 시간이 경과하면서 변형이 증가하지만 그 증가량은 서서히 감소된다. 이것이 1차 크리프이다. 이후 일정한 속도로 변위가 진행되어(2차 크리프), 마지막에는 급속히 변형이 증가되어 결국에는 붕괴된다(3차 크리프). 3차 크리프는 가해진 하중의 크기가 작으면 발생하지 않는다고 알려져 있으며 3차 크리프가 발생하는 하중의 크기를 사전에 조사하는 것이 크리프 붕괴를 미연에 방지하기 위해서 절대적으로 필요하다.

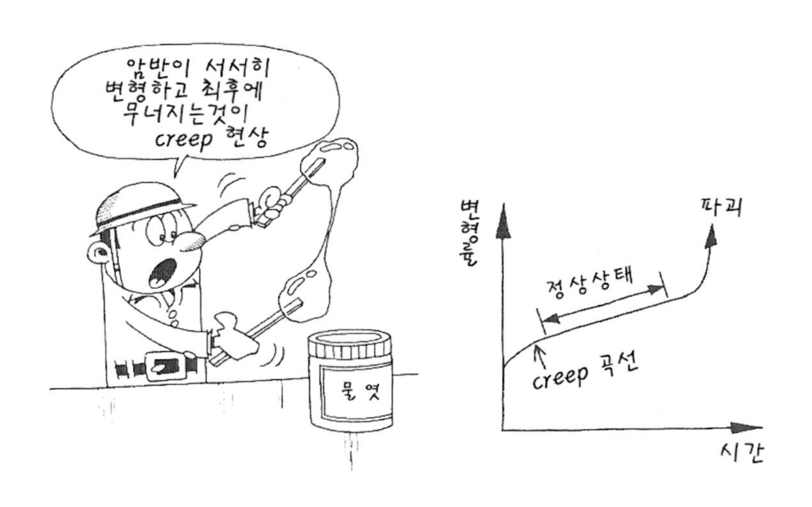

암석과 암반의 차이는 무엇인가?

사전을 보면 암석은 "바위나 돌, 지각을 구성하는 물질, 통상 한 가지에서 몇 가지의 광물 집합체로, 유리질 물질을 포함하는 것이다."라고 정의되어 있다. 암반은 "암석으로 구성된 지반"으로 정의되어 있다. 이 정의에서 보면 암반은 암석과 같다고 언뜻 생각할 수 있으므로 좀 더 전문적인 사전에서 알아보자. 지질학 사전에서 암반은 "암석으로 이루어진 지반. 단층이나 절리 등의 균열을 포함한 어느 정도 크기의 바위지대를 공학적인 측면에서 볼 때 일컫는다."고 정의되어 있다. 역시 암반은 암석과 그 균열의 존재까지도 고려한 공학적인 전문 용어이며, 암석보다 규모가 큰 개념이라는 것을 알 수 있다.

암석과 암반은 그 공학적 성질이 크게 다르다. 예를 들면, 암반의 변형은 균열을 제외한 암석 부분의 변형보다, 균열의 개구나 미끄러짐에 의한 변형이 지배적이라고 인식되어 있다. 또 암반 속을 흐르는 지하수의 흐름의 정도에 대해서도 변형과 마찬가지로 균열을 지나가는 지하수의 흐름이 지배적이라고 인식되어 있다. 암석 정도의 규모는 큰 균열을 포함하지 않으며 그 공학적 성질은 암석을 구성하는 물질의 공학적 성질에 의한 것이다. 암석의 공학적 성질은 그 암석을 구성하고 있는 광물의 공학적 성질에 의해 특징짓는 한편, 암반의 공학적 성질을 특징짓는 것은 암석이 아니라 단층이나 절리로 대표되는 균열에 의한 것이 크다.

통상적으로 암석은 만들어진 성인에 의한 분류(화성암, 퇴적암, 변성암)와 입도에 따라 분류된다. 암반은 균열의 양이나 그 기하학적 분포 특성 및 균열의 공학적 성질 등도 고려하여 분류된다. 암반을 공학적인 견지에서 그 특성을 나타내는 것이 중요하다는 것을 처음 지적한 사람은 지반공학자로 유명한 테르쟈기(Terzaghi, 1883~1963)이며, 1946년의 논문 「Rock defects and loads on tunnel supports(바위의 결함과 터널지보에 관한 하중)」을 보면 '공학적으로는 암석의 종류가 어떤 것인지를 아는 것보다, 암반 내에 존재하는 결함의 형상이나 그 많고 적음을 확실히 아는 것이 더 중요하다. 지질조사에서는 결함을 상세하게 관찰하여 그것들을 나타낼 필요가 있다'는 내용이 있다. 즉, 암반 내의 결함이란, 균열을 말하는 것이며 테르쟈기는 이와 같은 생각을 바탕으로 암반의 균열이나 충전물(점토로 채워진 암반 내의 연약면)의 많고 적음과 암반의 팽창성을 기준으로 암반을 분류하였다.

따라서 암반에 터널을 시공하는 경우, 암석의 공학적인 성질을 조사하는 것만으로는 불충분하므로, 균열을 포함한 암반 전체의 공학적 성질을 파악하여 그것을 설계에 적용하지 않으면 안 된다.

왜 터널의 얼굴인 갱문의 형태는 다양한 것인가?

터널의 출구나 입구 부분을 '갱문'이라고 하며 그 형상은 여러 가지가 있다. 터널은 땅속에 만들어진 구조물이지만 터널 단면이나 기능을 잃지 않고서 지표면 등 터널 외부의 밝은 부분과 연결하는 역할을 하는 것이 바로 이 갱문이다.

일반적으로 갱문은 지표면으로부터 비교적 얕은 곳에 위치해 있고 고결성이 나쁜 애추(talus)나 퇴적물에 의한 지반이 대부분이며 지형의 영향을 크게 받기 때문에, 이러한 주변 환경 및 자연환경을 충분히 고려하여 설계와 시공이 이루어져야 한다.

갱문의 형식을 구조적 특징에 따라 분류하면 다음 표와 같다. 갱문은 지형조건이나 지질조건과 더불어 주변 환경이나 교통 공학적 경관을 고려하여 만들기 때문에 터널을 상징하는 구조물이다. 따라서 터널의 얼굴이라 할 수 있는 것이다.

예전에는 대부분 갱구사면을 크게 파내고 만들기 때문에 면벽형이 많았으나, 최근에는 터널 굴착기술의 향상과 더불어 여러 가지 형태의 갱문이 만들어지고 있다.

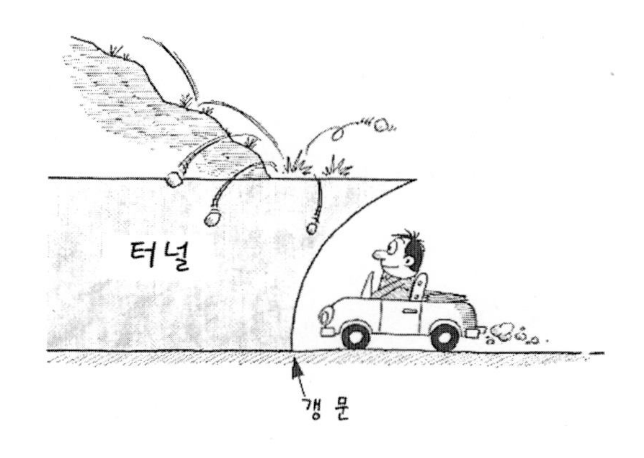

갱문 구조의 특징

	면벽형	돌출형	원통절개형	벨마우스형
개요도	(ㄱ) 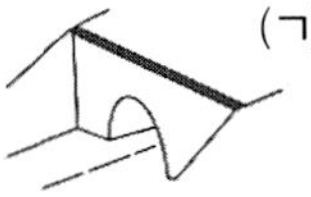 (ㄴ) 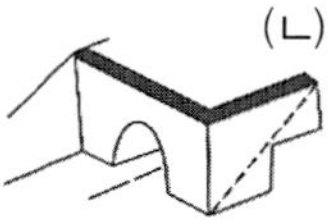 (ㄷ) 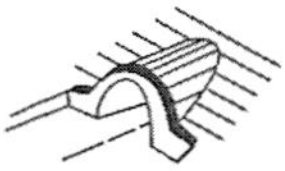	(ㄱ) 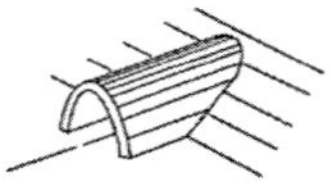 (ㄴ) 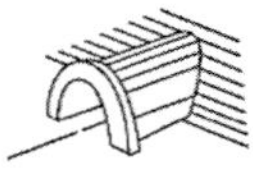	(ㄱ) 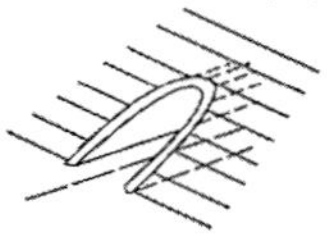 (ㄴ) 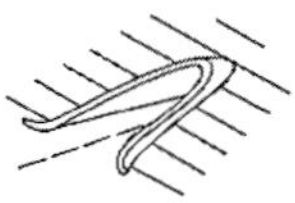	(ㄱ) 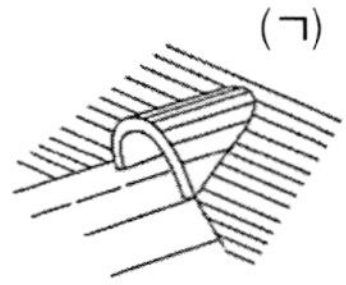 (ㄴ) 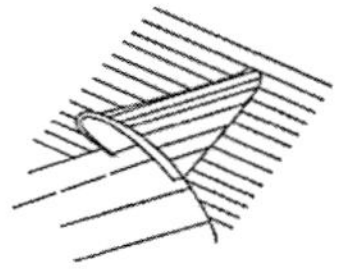
적용 지형	· 갱구를 계곡 깊숙이 밀어 넣어 설치하는 장소에 적용 · 등고선에 대해 경사 방향으로도 적용 가능(ㄴ)	· 눈, 낙석이 많은 곳에 적합 · 등고선에 대해 경사지게 설치하는 경우에는 별도의 가설벽이 필요한 경우가 있음	· 적설지방에는 적용하지 않는 것이 유리 · 등고선에 대해 직각 방향으로 설치하는 것이 좋음 · 법면의 경사가 완만한 경우에 적합	· 급경사면의 지형, 낙석, 눈사태 등이 예상되는 곳에 적합 · 등고선에 대해 경사지게 설치하는 경우에는 부적합
구조와 시공성	· 면벽은 중력식, 날개식이 있음 · 면벽을 날개식으로 하면, 중력식에 비해 지반 내부에 설치되는 양이 적음	· 돌출 부분은 내진구조로 설계 · 기초 부분이 성토부에 놓이면, 큰 기초 구조를 필요로 하는 경우가 있음	· 원통절개부는 토사 유출 방지용 파라페트를 설치하지 않으면 안 됨. 이 경우 가설갱문이 필요한 경우도 있음	· 갱문 기초부가 성토 위에 놓이는 것은 아님 · (ㄴ)의 형식(버드비크형)은 특수 거푸집이 필요
경관 등	· 면벽이 크므로[(ㄷ)은 제외] 면벽이 밝게 보여 터널 내부가 어두워 보임 · 눈부심 방지 시설이 필요	· 경관상 문제점은 없으나, 터널 연장이 길어짐 · 돌출 부분에 창을 만드는 경우도 있음	· 갱문이 작게 보임 · 보기에 좋음(ㄴ)	· 갱문이 크게 보임

쉴드 터널의 굴착 기계에는 어떤 것들이 있나?

쉴드 터널 공법에 사용되는 굴착기계는 다음과 같다.

① 굴착방식에 따른 분류 : 인력 굴착식, 반기계 굴착식, 기계 굴착식

② 막장 전면의 구조에 따른 분류 : 밀폐형, 부분 개방형, 전면 개방형

③ 막장을 안정시키는 방법에 따른 분류 : 흙막이 장치식, 면판식, 토압식, 이수(泥水)식

최근의 사용실적을 살펴보면 토압식(이토압식)과 이수식이 거의 대부분을 차지하고 있는데, 「터널표준시방서 및 해설서」의 『쉴드 공법편』(일본토목학회발간)에는 쉴드 공법을 그림(129쪽)과 같이 분류하고 있다.

각각의 쉴드 공법을 살펴보면, 인력 굴착식 공법은 쉴드기의 선단부에서 인력으로 굴착하여 벨트 컨베이어나 운반 차량 등으로 굴착 토사를 배출한 후, 지반의 종류에 따라 덮개나 흙막이 잭 등으로 막장을 안정시킨다. 지반은 홍적모래층, 점토, 고결 실트층 등과 같이 막장이 자립하는 경우에는 적합하지만, 용수가 많은 경우에는 압력 공기, 지반개량 등의 보조공법이 필요하므로 현재 도시부에서는 거의 사용하지 않는다.

반기계 굴착식 공법은 인력 굴착식 공법에 비하여 굴착기계, 토사적재기계 등을 추가로 장착하고 있기 때문에 막장이 자립 가능한 지반에 적합하나, 인력 굴착식 공법보다 막장 안정이 곤란하며 막장이 개방되는 양도 커진다.

기계 굴착식 공법은 쉴드기의 전면에 탑재된 커터 헤드를 이용하여 기계적으로 연속 굴착하는 것으로써, 일반적으로는 자립하기 쉬운 지반에

적용된다.

블라인드식 쉴드는 토사 배출구 이외는 괘도식 기계를 지반 내에 관입시킴으로써 굴진한다. 연약한 충적 모래가 섞인 실트층에만 적합하나, 제어하기가 힘들고 지반에 발생하는 손상이 크기 때문에 사용하지 않는다.

토압식 쉴드는 회전 커터로 굴착한 토사 또는 경우에 따라서는 첨가제를 가한 토사를 교반하여 소성 유동화하고, 챔버(절삭한 토사를 일시적으로 모아놓는 커터와 격벽 사이에 있는 쉴드기 내의 공간) 내에 채워진 토사에 압력을 가함으로써(이토압식) 막장을 안정시킨다. 챔버 내의 토사는 스크류 컨베이어에 의해 배출시킨다. 적용지반은 첨가제를 가하지 않은 경우는 함수비나 입도조성이 적당한 충적점성토에 한정되지만 첨가제 기술이 급속도로 발전하여 충적층, 홍적층, 그리고 이들 층이 혼합된 지반에서도 적용할 수 있어 범위가 매우 넓어지고 있다.

이수식 쉴드는 이수압으로 막장을 안정시키며 굴착된 토사는 순환수를 이용하여 배출시킨다. 따라서 송・배이수, 토사분리, 이수 품질조정, 이수 처리설비 등의 대규모 설비가 요구되므로 적용 지반은 자갈, 모래, 실트, 점성토, 이들의 혼합 지반 등 매우 넓은 범위의 지반에 대응할 수 있으며 하저 터널과 같이 지하수위가 높은 장소에 적합하다.

쉴드 형식을 선택할 때에는 계획 시에는 입지, 지반, 환경, 장해물 등의 조건을 면밀히 조사해야 하며, 설계 시에는 막장 안정, 지반변형, 환경보전, 장해물, 굴착토 처리, 용지 등에 관한 설계조건을 정리하여 여러 개의 방안 중에서 가장 적합한 것을 선택하는 것이 좋다.

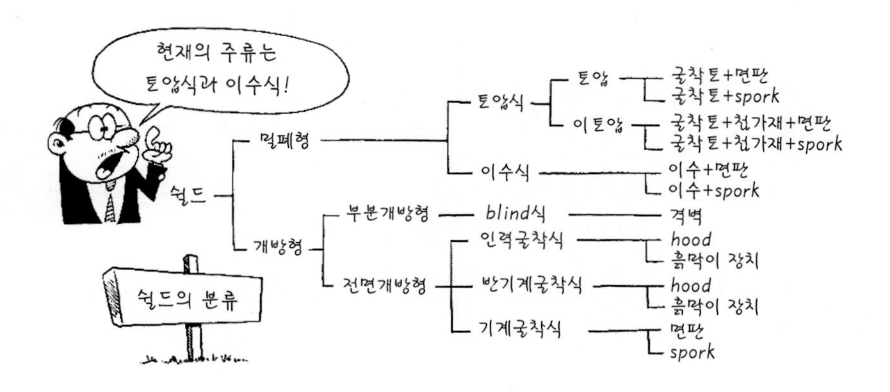

쉴드기는 어떻게 설계하는가?

쉴드기를 설계할 때에는 완성 후의 터널 기능과 내구성이 사용목적에 적합하고, 안전하며 경제적이어야 한다. 쉴드기는 일반적으로 본체, 굴착면 지지설비, 추진설비, 라이닝 설비, 구동설비, 부속설비로 구성되며 쉴드에 작용하는 토압, 수압, 잭반력 등을 지지하면서 작업공간을 확보하여야 한다.

① 쉴드의 종류

쉴드는 굴착 방법, 막장구조, 단면형상 등을 기준으로 분류한다.

- 굴착 방법 : 지반, 시공방법과 주변 환경 등의 조건에 따라 기계 굴착, 반기계 굴착, 인력 굴착, 이수가압, 토압식 등이 있다.

- 막장구조 : 기본적으로는 막장의 구조에 따라 밀폐형과 개방형으로 나누며, 막장이 자립하지 않는 연약지반에서 개방형 쉴드를 이용하면, 막장의 붕괴나 과도한 지반 침하가 일어날 수 있다. 이를 막기 위해 막장과 쉴드 내부와의 사이에 격벽을 설치하여 그 공간을 적절히 조절하는 밀폐형이 이용된다.
- 단면형상 : 외압에 대해 가장 바람직한 형상은 원형이다. 따라서 가장 흔히 사용하는 단면이지만 용지 및 터널 내부공간의 효율성 등에 의해 멀티 원형(아치형), 마제형, 사각형, 타원형도 쓰인다.

② 쉴드기 본체

- 기장(機長) : 기장은 지반굴착 기계류의 덮개부, 쉴드의 구조적 안정성 유지와 함께 굴착 추진설비를 수납하는 거더부, 세그먼트를 조립하는 테일부로 구성된다. 설계 시 토압 및 수압, 자중, 상재하중, 변형에 대응하는 하중, 막장 전면압 등에 견딜 수 있다.
- 외경 : 쉴드 외경은 터널의 내공단면, 라이닝 두께, 테일 플레이트 두께, 테일 클리어런스 등으로 결정된다. 테일 클리어런스는 테일 내부에서 세그먼트 조립에 필요한 공간으로, 특히 곡선부에서는 쉴드기와 세그먼트와의 방향이 서로 다르기 때문에 그 공간이 커진다.
- 테일실 : 테일 플레이트와 세그먼트 외면과의 사이에 지하수나 배면 주입재 등의 누설방지를 목적으로 테일실을 장착한다. 이수식 쉴드에서는 이수압력 유지도 필요하기 때문에 내압성과 내구성이 요구된다.

③ 굴진설비

- 추진력 : 쉴드기 추진 시 발생하는 저항에는 쉴드기 주변 지반과의 마찰 및 점착저항, 막장의 관입저항, 막장전면 저항, 방향 수정에 따른 저항, 테일 내에서의 세그먼트와 스킨프레이트와의 마찰저항, 후반부에서의 작업대차의 견인저항 등이 있기 때문에, 총 추진력은 이들 전체의 합력에 여유분을 추가한 값으로 결정한다.
- 쉴드잭 : 쉴드잭의 선정과 배치는 방향 제어 성능, 세그먼트 조립의 시공성을 고려하여 결정한다. 잭의 피스톤 로드 선단에는 세그먼트의 단면에 균등하게 추진력이 작용하도록 스프레더(spreader)를 설치한다. 쉴드잭의 스트로크는 세그먼트 폭에 비해 100～200mm의 여유를 두어야 한다. 잭의 작동속도는 모든 잭을 동시에 사용하여 분당 50～100mm 정도이지만, 해외에서는 분당 200mm가 일반적이다.

TBM이란 무엇인가?

TBM 공법이란, 터널 보링 머신(Tunnel Boring Machines)을 이용하여 터널을 굴착하는 공법을 말한다.

TBM은 경질의 암반을 회전식 커터인 디스크 커터를 부착한 회전원반을 지반에 짓눌러가며 굴착하는 기계로써, 직접적으로 암반을 압쇄(절삭)하는 디스크 커터와 힘을 가하는 유압식 잭과 지반으로부터 반력을 전달하는 그리퍼와 커터 헤드(면판)를 회전시키는 모터로 구성되어 있다. 일반적으로는 그리퍼로 추진 반력을 취하는 굴착기계를 TBM이라고 하며, TBM을 이용한 공법을 TBM 공법이라고 한다.

굴진 방법

오픈형 TBM의 굴진은 다음과 같은 요령으로 이루어진다(다음 그림 참조).

① 그리퍼를 지반에 눌러 반력을 취한다.

② 커터 헤드를 회전시키면서 슬러스트잭을 펴서 지반에 롤러 커터를 갖다 대고 압쇄한다.

③ 프론트 그리퍼를 빼고 (메인)그리퍼와 슬러스트 잭을 줄여 그리퍼를 커터 헤드 측으로 끌어당긴다.

압쇄원리

커터 헤드에 달려 있는 롤러 커터를 강한 힘으로 지반에 갖다 대고 암반을 파쇄한다. 마치 피자를 자를 때 쓰는 커터처럼 암반에 갖다 대면서 회전시켜 암편을 파쇄한다. 암편 반출에는 레일 방식, 타이어 방식, 연속 벨트 컨베이어 방식, 유체 수송 방식 등이 있다.

이상과 같은 원리로 TBM은 터널을 고속으로 굴진하며 일본에서는 φ 5.0m 정도의 TBM으로 200～700m/월의 고속 굴진을 실현하고 있다.

TBM 공법은 비교적 단단하여 파쇄대가 적은 지반에서 긴 터널을 굴착하는 경우에 많이 적용된다.

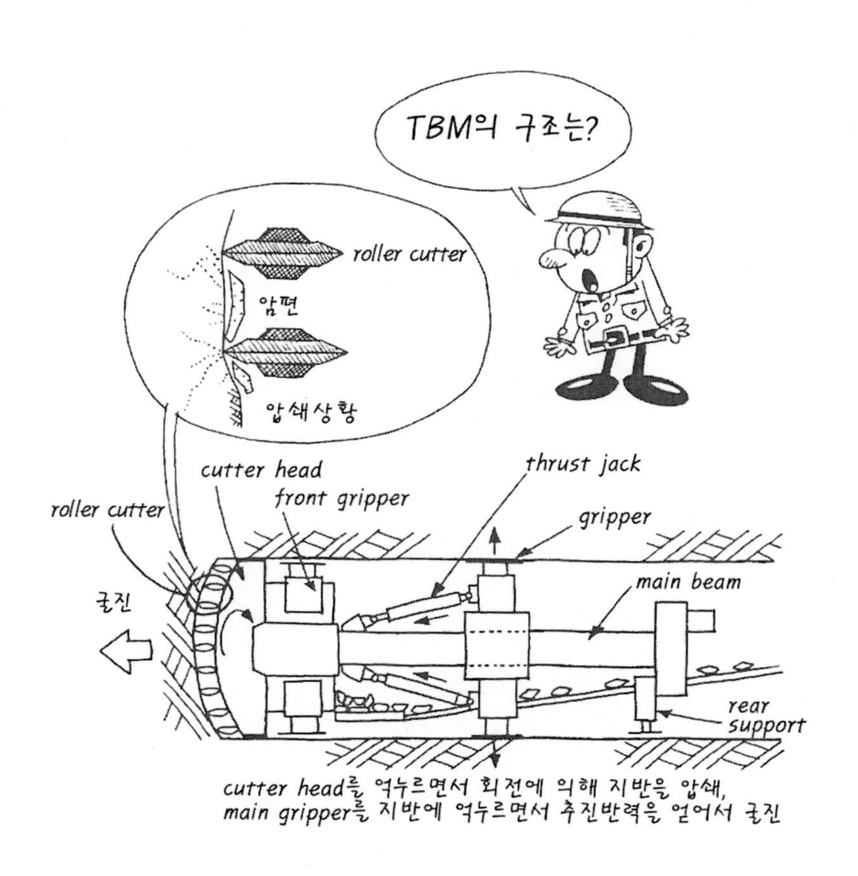

개착 터널은 어떻게 시공하는가?

도시 터널의 주요 시공방법에는 쉴드 공법과 개착 공법이 있다. 쉴드 공법은 지중의 작업기지(수직갱)에서 쉴드기를 추진시켜 그 후방부에서 라이닝을 조립하여 터널을 구축하는 공법이다. 개착 공법은 지표면에서 소정의 심도까지 파 내려간 후 터널을 구축하여 그 상부를 되메움하는 공법이다. 두 공법을 비교하면, 개착 공법은 터널 단면의 형상 및 치수, 선형, 터널의 심도에 대한 시공상의 제약이 없기 때문에 사용목적 및 해당 지하공간의 특성을 반영하여 적절한 터널 단면을 선정할 수 있는 장점이 있는 반면, 터널의 설치 심도가 커지면 공사비나 공사기간 면에서 불리해져 상부 도로교통에 대한 영향과 진동이나 소음발생 등을 고려해야 하는 단점이 있다.

도심지에서의 개착 공법에서는 굴착에 따른 지반의 붕괴나 유해한 변형을 방지하기 위하여 토류 구조물을 구축한다. 토류 구조물은 지반의 토압 및 수압을 직접 받는 벽(토류벽)과 이 벽을 지지하는 부재(지보공)로 이루어지며, 이들 부재에는 모두 많은 종류와 시공법이 있기 때문에 토류 구조형식을 선정할 때에는 각 부재의 특징, 공사규모, 지반조건, 주변 환경 조건 등을 종합적으로 검토하여 안전성, 경제성, 시공성을 만족시킬 수 있도록 적절히 조합하여 활용한다. 주요 토류벽의 종류와 그 특징을 소개하면 다음과 같다.

토류벽은 차수성이 있는 것과 없는 것으로 크게 구분된다. 전자는 차수성 토류벽이라고 하며 강재 시트 파일벽, 주열식 연속벽, 지중 연속벽 등이 있고, 후자는 개수성 토류벽이라고도 하며 엄지말뚝 공법 등이 있다.

개수성 토류벽은 일반적으로 지하수위가 깊은 양질의 지반에서 적용되며, 차수성 토류벽은 개수성 토류벽으로는 대응할 수 없는 지하수위가 높은 연약지반에서 적용된다. 단, 차수성 토류벽은 그 종류에 따라 차수성, 강성, 내력이 크게 다르기 때문에 선정 시 각 벽의 구조, 특징, 성능을 충분히 알아두어야 한다.

강재 시트 파일벽은 단부에 이음매가 설치된 강재 시트 판의 이음매를 서로 연결하며 땅속에 박는 것이다. 이 벽의 차수성은 이음매의 연결 상태에 의존하기 때문에 큰 길이의 시트 파일을 사용하면 이음매의 이탈 등으로 인하여 차수성이 저하되므로 문제가 발생할 수 있다.

주열식 연속벽은 원지반에 조성된 기둥모양 또는 벽모양의 고화체에 강재 등을 삽입하는 것으로, 고화체의 조성방법에는 모르타르 치환과 지반과 시멘트 밀크와의 교반 및 혼합(소일시멘트) 등이 있다. 이중에서 소일시멘트 벽은 인접한 고화체의 외부를 랩핑할 수 있기 때문에 차수성이 높아, 깊이 40m 정도에서의 시공실적을 갖고 있다. 다만, 시공심도가 커지면 랩핑 부족이나 고화체의 품질 저하에 의해 차수성이 떨어질 수 있으므로 주의가 필요하다.

지중 연속벽은 벤토나이트 용액 등의 안정액을 이용하여 굴착한 트렌치 내에 철근 배근 또는 강재를 삽입한 후 콘크리트를 채우는 것이다. 이 벽은 차수성, 강성, 내력이 매우 높고 구조체 전체의 품질이 균질하므로, 대심도 개착공사에 적용되며, 연장 100m 이상의 시공실적이 있다. 이 벽은 직접 상판을 접합하여 구조체의 일부로도 많이 사용된다.

침매 터널은 어떻게 시공하는가?

침매 터널 공법은 일종의 프레하브(조립식) 공법으로, 하저 터널 공법 중 한 가지에 해당한다. 그 시공순서는 터널을 구축하는 하천이나 운하 등의 하저에 미리 트렌치를 굴착한다. 케이슨 야드 등에서 적당한 길이로 분할 제작한 강제 또는 철근콘크리트제의 분할 침매함을 물에 띄워 시공장소까지 예인한 후, 침매함을 하저로 침하시켜 침매함끼리 접합시켜 침매함 상부를 흙으로 되메움하여 연속된 터널을 완성시키는 공법이다.

침매 터널 공법을 적용하려면 쉴드 터널, 개착, 케이슨 등 다른 하저 터널 공법과 함께 교량방식 등과의 충분한 비교, 검토가 필요하다.

먼저, 개착 공법과 케이슨 공법은 비교적 수심이 얕고 연장이 짧은 하천 횡단에 이용되므로 기본적으로 규모가 큰 침매 터널과는 비교할 수 없다. 쉴드 터널을 하저 터널로 구축하는 경우, 건설 도중에 선박의 항해에 영향을 주지 않는다는 이점이 있는데, 이 공법의 특징상 종단선형을 낮추어야 하기 때문에 터널 연장이 길어지는 단점이 있다. 이는 쉴드기 굴진 중의 막장 안정과 터널 부상에 대한 안전을 확보하기 위하여 침매 터널보다 상당히 큰 토피고가 요구되기 때문이다.

교량 방식과의 비교, 검토에서는 횡단하천이나 운하의 규모에 따라 그 우열이 바뀌어 소규모 수로횡단에서는 교량방식이 우위를 점하지만 대규모 운하, 특히 주요 항만의 항로를 횡단하는 경우에는 침매 터널의 이점이 많다. 대형선박의 항로 폭을 고려한다면, 교량방식에서는 한 스팬이 수백 m가 되는 긴 교량일 뿐 아니라, 매우 큰 교각(다리의 지주)이 요구되기 때문에 일반적으로 지반조건이 나쁜 항만지역에서의 장대 교량은 막대한 공사비가 소요된다. 이에 비해 침매 터널은 항로 폭과 관계가 없기 때문에 연장이 문제될 일은 없다.

종단 선형에서도 그 차이가 분명하다. 대형선박의 항해를 위해서는 해면에서 교량 하부까지의 여유고가 50～60m 정도, 수심은 최대 20m 정도가 필요하다. 교량에 의해 철도나 도로를 횡단시키는 경우에는 교량 구조물 자체의 높이를 고려하여 결과적으로 해면에서 55～65m 위에 노면이 놓인다. 침매 터널의 경우에는 토피고와 구조물 높이를 더하여 해면에서 최대 약 30m 아래가 노면이 된다. 즉, 항로 횡단구조물이 해발 수 m 정도의 높이에서 접근하는 경우에는 교량구조물의 길이가 침매 터널보다 상당히 긴 구조가 된다. 따라서 주변 지형이나 루트에 따라서도 크게 달라지기 때문에 신중한 비교, 검토가 이루어져야 한다.

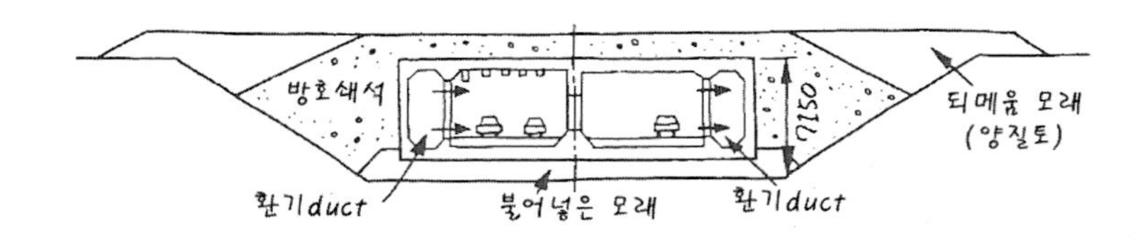

터널이 위로 들뜰 때가 있다는데 정말일까?

터널 주변의 환경변화로 인하여 터널이 위로 들뜰 때가 있다. 이 현상은 여러 가지 상황이 있기 때문에 그 원인별로 설명하면 다음과 같다.

① 리바운드

지하 매설물이 지나치게 많은 도시부에서 지하에 기설치된 터널의 상부 지반을 굴착하면, 터널에 작용하는 연직하중을 제거함으로써 리바운드라 불리는 지반의 탄성적 부상현상이 발생한다. 이때 지반의 부상현상과 더불어 지중의 터널도 들떠 오르기 때문에 기설치된 터널의 구조 안전성을 검토하거나, 지하철의 경우에는 궤도 구조의 사용 한계상태를 조사할 필요가 발생한다. 리바운드의 예측 방법으로는 경험에 의한 것과 유한요소법에 의한 해석방법이 있는데, 모두 입력정수인 지반의 변형계수 설정이 중요하다. 특히 하중을 제거했을 때의 연직방향 변형계수가 필요할 뿐만 아니라, 작은 변형률에서의 변형계수를 사용하는 것이 중요하다.

② 지하수의 회복

도쿄 지역은 예전에는 공용용수로 지하수가 사용되었기 때문에 지하수위가 내려갔으나, 요즘에는 지하수를 마음대로 끌어올리지 못하도록 규제하고 있어 지하수위가 이전 수준으로 회복되고 있다. 약 20년 전의 대규모의 지하철역은 당시의 지하수위를 고려하여 설계되었지만, 시간이 지날수록 지하수위가 회복되어 지하철역 구조물에 작용하는 부력이 설계 당시 예상보다 상당히 커진 곳이 있다. 그래서 지하철역 바닥판에서 앵커 등으로 잡아당기거나 중량을 늘리는 방법이 검토되었는데, 경제성을 고려하여 최심부의 플랫폼 아래에 콘크리트 블록이나 철재를 쌓는 것으로 대응하였다. 향후에는 설계 시점뿐만 아니라, 지하수위의 경년변화도 측정하여 지하수위의 변동을 파악한 후, 구조물의 설계 수명까지의 지하수위에 대응할 수 있는 들뜸 항목을 추가로 검토할 필요가 있다.

③ 연약지반에서의 쉴드 터널

연약지반에서의 쉴드 공사 시에는 지중에서 터널에 부력이 작용한다. 이 부력에는 터널 상부의 흙의 중량과 전단저항으로 저항하지만, 아주 연약한 지반에서는 상부지반의 강성을 기대할 수 없어, 점차적으로 터널이 위로 들떠 오르는 현상이 발생할 수 있다. 따라서 연약지반에서의 쉴드 공사에서는 상부지반의 두께나 지반의 강도에 대해 면밀히 검토해야 한다. 실례로 도쿄만 횡단도로 터널에서의 부상 실험과 해석 등을 실시하여 상세한 검토를 실시한 적이 있다.

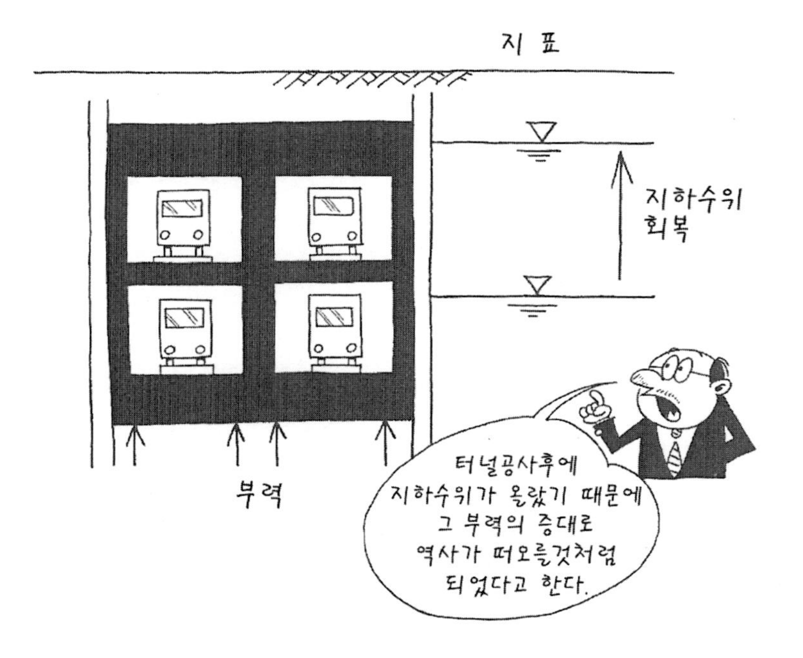

터널의 용수는 어떻게 처리되는가?

터널은 지하수위 아래를 굴착하는 경우가 많은데, 산악 터널인 경우에는 이미 굴착된 구간이나 막장면에서 용수가 발생하여 터널 내로 유입되는 경우가 대부분이다. 라이닝 구조도 충분한 지수구조(수압에 견딜 수 있는 성능)가 아닌 경우가 많기 때문에, 기본적으로는 수압이 작용하지 않는 구조로 보며 터널 갱내로의 누수나 유입된 지하수를 배수하고 있다.

쉴드 터널의 경우에는 지질학적으로 비교적 최근에 생성된 지층 속을 굴착하는 경우가 많아, 굴착면을 지수구조의 쉴드기와 지수구조의 세그먼트(라이닝)의 사용으로 대수층 내에 터널을 구축할 수 있다. 즉, 터널 갱내로의 지하수 유입(누수)은 없는 것이 원칙이다. 그러나 실제로 누수가 발생하기 때문에 펌프에 의한 배수설비를 마련하고 있다.

일반적으로 터널에는 구배가 있어 자연 구배로 갱 밖으로 배출되는 방법이 가장 합리적이지만 이것이 불가능한 경우에는 펌프에 의한 강제배수를 실시해야 한다.

① 터널 굴착 중 용수처리

산악 터널을 굴착하는 경우에는 대량의 용수는 막장 붕괴를 초래하여 사고로 연결되는 경우가 많기 때문에 지하수의 존재에 세심한 주의를 기울여야 한다. 경우에 따라서는 물 빼기 보링, 물 빼기 도갱, 웰포인트(펌프를 땅속에 설치하여 강제적으로 배수하는 방법) 등을 적용한다. 특히 해저터널과 같은 세이칸 터널에서는 물 빼기 보링, 물 빼기 도갱과 함께 유지관리 측면에서 터널 내부로의 누수감소를 목적으로 터널 주변 지반에 약액 주입에 의한 지수층을 형성한 후에 본갱을 굴착하였다.

② 터널 공용 시 용수처리

일반적으로 터널 완성 후의 용수는 방수 시트에 의해 터널 내로 누수가 발생하는 것을 방지하며, 시트 배면에 설치한 배수재를 통하여 터널 하부의 중앙배수로에 집수하여 자연구배를 이용해 밖으로 배출된다.

세이칸 터널의 경우, 갱내로의 누수량도 많아 대규모의 배수시설을 갖추고 강제 배수를 실시하고 있다.

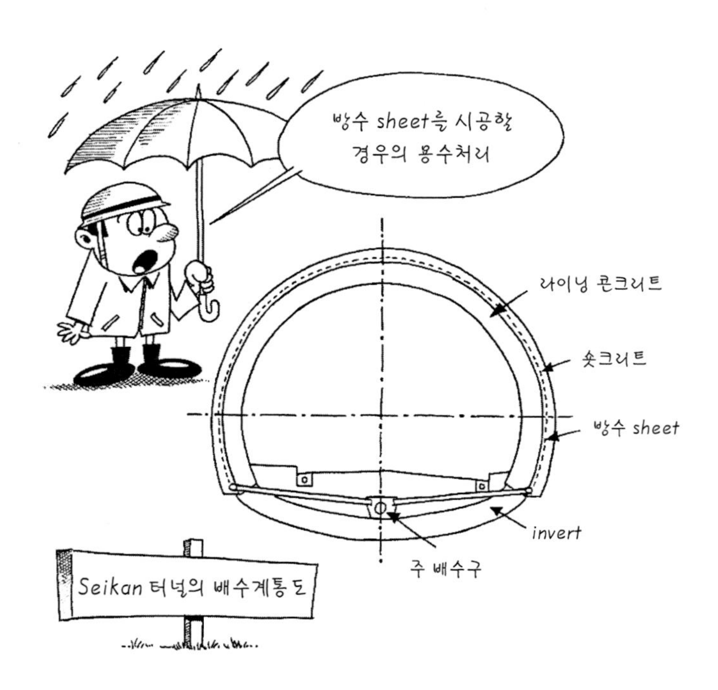

터널은 지반이 어느 정도까지 단단하고 연약해야 굴착 가능한가?

여기서는 산악부에서의 터널 공법(NATM)에 대해서만 설명한다. 산악 터널의 굴착 방법을 크게 나누면 다음과 같다.

① 인력 굴착

② 발파 굴착

③ 기계 굴착

인력 굴착은 이름 그대로 사람이 직접 지반을 굴착하는 방법으로 위험하고 효율도 많이 떨어져 기계가 닿지 않는 장소나 소단면의 굴착 등에 한정된다.

일반적으로 산악부에서의 표준 굴착 방법은 발파에 의한 굴착이다. 발파 공법은 적용범위가 넓어, 굴착 지반의 일축 압축 강도 50MPa 정도 이상의 모든 지반에 적용할 수 있다.

특히, H형 지보공을 세우지 않아도 되는 구간에서는 막장의 길이(1회의 발파로 굴진하는 터널 길이)를 2m 이상으로 하는 장공발파에 의해 굴착 속도를 높일 수 있어 적용성이 높은 공법이기는 하나, 좀처럼 설계 굴착면대로 발파되지 않아 여굴(설계단면보다 넓게 파인 것)이 발생하는 경우가 많다.

기계 굴착에서는 ① 전단면 굴착기, ② 자유단면 굴착기, ③ 대형 브레이커 등이 쓰이며, 일축 압축 강도가 50MPa 이하인 지반에 적용된다. 기계 굴착은 발파 굴착에 비해 굴착 속도는 늦지만 여굴이 적고 진동이나 소음이 작아 주변 환경에 미치는 영향이 크지 않은 이점이 있다. 최근에는 보다 단단한 지반의 굴착에도 대응이 가능한 기계가 개발되어 있어 100MPa 이상(참고로 콘크리트 강도는 약 20~40MPa 정도)의 경질 암반에서도 굴착할 수 있었다. 그중에는 주변 환경에 대한 제약으로 인해 발파 굴착을 실시할 수 없어 400MPa의 암반을 기계로 굴착한 예도 있다.

오히려 NATM은 연약지반에 적합하지 않은 공법이다. 왜냐하면 터널 굴착에서는 전방 굴착면(막장면)이 무너지지 않고 자립하는 것이 하나의 대전제이기 때문이다. 터널을 굴착하는 경우에 일시적으로 굴착면은 완전히 무지보 상태가 되기 때문에, 적어도 굴착시만이라도 자립하지 않고서는 터널을 굴착할 수가 없다. 만일 자립할 수 없을 정도의 연약지반을 만났을 때는 각종 개량재를 주입하여 지반을 개량시키거나 록볼트라 불리는 철제 또는 유리섬유제의 봉을 전방에 설치하여 막장이 무너지지 않도록 한 후에 굴진하여야 하기 때문에 시간과 비용이 많이 소요된다.

터널 내의 조명에 황색이나 오렌지색이 많은 이유는?

자동차를 타다가 터널 안으로 들어선 순간, 갑자기 지금까지 보았던 색깔이 다른 색깔로 보인 적이 있을 것이다. 이는 터널 조명에 흔히 사용되는 저압 나트륨램프의 영향을 받은 것인데, 인간의 눈으로는 거의 색을 식별할 수 없는 성질 때문이다. 이로 인해 같은 색이라도 비치는 빛이 바뀌면 다르게 보인다. 이를 전문용어로 '연색성'이라고 한다. 연색성은 일반적으로 평소에 사람들의 눈에 익숙한 자연광을 기준으로 하여, 좋고 나쁨을 구분한다.

터널 내의 조명은 '물체가 무슨 색인지(연색성)'보다 '어느 정도 크기의 물체가 어디에 있는지'가 더 중요하다. 또 터널 안은 주위가 폐색된 공간이기 때문에 배기가스에 의한 일종의 미세한 막이 형성되어 빛의 투과율이 나쁜 점뿐만 아니라 온도변화, 소비전력, 백색 램프에서는 물체의 그림자가 오히려 강조되는(눈부심을 느끼는) 등의 단점을 고려하여 조명을 결정해야 한다.

저압 나트륨램프는 유리관에 나트륨 증기를 밀봉한 램프로, 오렌지색 빛을 발한다. 이 램프는 오렌지색 빛이기 때문에 백색 램프보다 배기가스나 분진 등의 영향을 받기 어려울 뿐만 아니라, 빛이 통과하여 식별성이 좋은 수은 램프나 형광 램프에 비해 소비전력이 2분의 1에서 3분의 1 정도로 경제적이며 수명이 길다. 또한 감도(視感度)가 높고 명암 차이가 확실해 물체의 형태나 요철 등을 정확하게 인지할 수 있다. 그리고 그다지 눈부시지 않으며 다른 램프에 비해 배기가스 중 투과율이 높기 때문에 먼 곳의 물체라도 확실히 인식할 수 있다. 이러한 이유로 터널 내의 조명에 주로 저압 나트륨램프가 사용되기 때문에 황색이나 오렌지색 조명이 많은 것이다.

터널 내 조명은 교통안전과 원활한 소통을 목적으로 도로의 제한속도, 교통량, 선형(커브, 고저차)에 적합한 노면 휘도를 확보하기 위하여 연장 50m 이상의 터널에는 설치하여야 한다.

연장 50m 미만의 터널에는 조명 설비를 설치하지 않아도 무방하지만, 도로의 제한속도 및 교통량 등을 고려하여 교통안전상 필요한 경우나 터널 소통이 나빠 자연채광을 기대할 수 없는 경우에는 설치해야 한다.

터널 내 조명은 기본 조명, 입구부 조명, 출구부 조명, 정전 시 조명, 접속도로의 조명 등으로 구성되어 있다. 노면 휘도는 기본 조명, 입구부 조명, 출구부 조명, 정전 시 조명, 접속도로의 조명으로 종류에 따라 기준이 정해져 있다. 다음 그림은 기본 조명의 제한속도에 따른 평균 노면 휘도 기준을 표로 나타낸 것이다(휘도란 단위 면적당의 광속량으로, 일정 넓이의 부분적 밝기를 말함).

기본조명의 노면 휘도 기준

제한속도(km/h)	평균노면휘도(cd/m²)
100	9.0
80	4.5
60	2.3
50	1.9
40이하	1.5

터널 내부 설비에는 어떤 것들이 있나?

터널은 크게 도로 터널과 철도 터널로 구분하는데, 내부 설비에 대해서 비교해보면 큰 차이점이 있다. 먼저 환기 측면에서 살펴보면, 도로 터널은 자동차의 배기가스 처리에 곤란을 겪는 데 비하여 철도 터널은 전철의 동력이 전기이기 때문에 배기가스를 배출하지 않는다. 따라서 긴 터널에서도 전혀 환기문제를 고려할 필요가 없다. 그러나 도로 터널은 차량의 종류에 따른 방재대책을 검토하여야 하며, 이로 인한 설비가 철도 터널에 비해 어마어마해진다는 것을 알 수 있다.

다음은 도로 터널과 철도 터널의 내부 설비에 대하여 비교한 것이다.

도로 터널

① 조명 설비 : 장애물의 인지, 주행차선, 노면의 인지, 터널 안팎의 조도 차이를 줄이기 위하여 터널 내의 특수한 조건하에서의 교통안전 및 원활한 소통을 위해 연장 50m 이상의 터널에 설치한다.

② 환기 설비 : 자동차에서 배출되는 가스와 노면에서 일어나는 먼지 등이 운전자에게 방해되지 않도록 분진의 환기 및 화재 발생 시 배연 등을 목적으로 설치한다. 투과율 계측기(공기의 오염 정도를 측정하는 기계), 일산화탄소 농도측정기(CO계) 등의 계측 설비를 구비하여 송풍환기만으로 터널 내의 공기를 정화할 수 없는 경우에는 전기집진기, 제진 필터로 터널 내의 공기를 정화시킨다.

③ 비상용 설비 : 차량재해 등의 사고발생을 신속히 관리실로 통보하기

위한 통보설비, 터널 내의 이상사태 발생을 알리기 위한 경보장치, 안전한 장소까지 피난시키기 위한 피난 유도설비, 초기 소화를 위한 소화설비, 터널 내의 상황을 감시하기 위한 ITV 카메라(원격조작으로 도로 상황을 감시할 수 있는 카메라), 정보 제공을 위한 라디오 재방송 설비 등이 터널 연장과 교통량에 따라 설계 기준을 정하여 설치한다.

철도 터널

철도 터널은 도로 터널에 비해 안전성이 높기 때문에 통상적으로 열차 화재가 발생된 경우에는 가능한 한 터널을 신속히 빠져나가 승객을 안전한 지역으로 유도하도록 되어 있다. 그러나 세이칸 터널과 같이 터널 연장이 상당히 긴 경우에는 터널 내에서 화재가 발생한 열차를 정지시킨 후 승객의 피난, 구제 및 소화활동 등을 수행할 수 있도록 특정 장소가 마련되어 있다(승객은 피난통로를 지나 약 1,000명을 수용할 수 있는 대기 장소로 피난할 수 있음).

그 밖에 스프링클러나 정보 연락 설비, 감시용 TV 등이 설치되어 있다. 또, 열차화재를 재빨리 감지하기 위하여 터널 입구부 2개소, 터널 내에 2개소, 적외선 온도식 화재 감지 장치가 설치되어 있다. 이 감지장치로 화재가 감지되면 유지관리센터에서 필요한 지시에 따라 운전자에게 전달하도록 되어 있다.

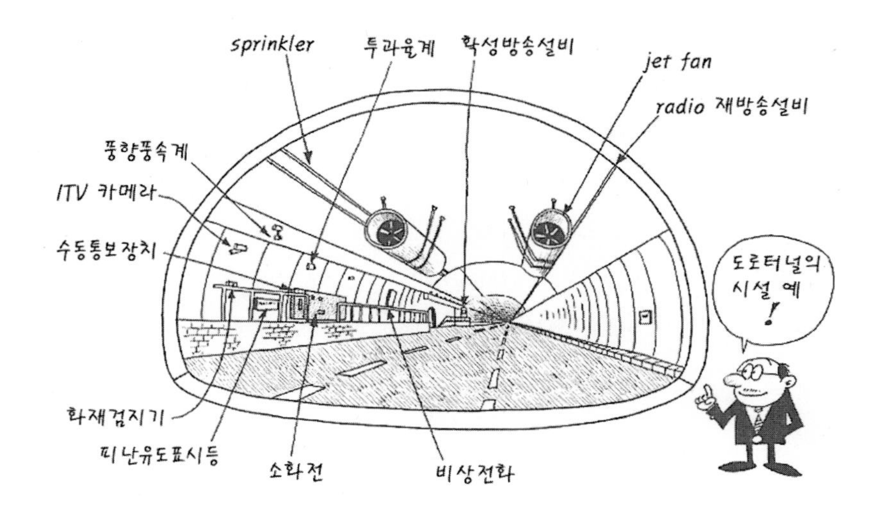

쉴드 공법에서 지반 침하는 어떻게 발생하는가?

쉴드 공사 시 발생하는 지반 침하는 쉴드 기술의 발전에 의해 상당량 억제할 수 있다. 그러나 도심부에서는 매설구조물에 근접하여 공사를 할 때도 많기 때문에, 다른 구조물에도 영향을 주지 않도록 침하를 억제할 필요가 있다.

지반 침하는 지중응력의 변화, 터널의 선형, 뒤채움 주입, 쉴드기의 굴착 외경, 세그먼트의 변형 등 쉴드 공사의 여러 가지 요소와 연관되어 복합적으로 발생한다. 이 지반 침하를 억제하기 위해서는 여러 가지 대책마련이 필요하며, 쉴드 공사 시 지반 침하와 그 요인을 충분히 알아두는 것이 매우 중요하다.

쉴드 공사 시 지반 침하는 152쪽의 그림과 같으므로 이를 이용하여 설명하면 다음과 같다.

① 선행 침하

쉴드기의 막장이 측정 위치에서 일정 간격 떨어진 앞(터널 높이와 동일한 거리)의 위치보다 더 전방 부분에서 발생하는 것으로, 특히 쉴드 공사에 의한 지하수 변위에 의해 발생하므로 그 경향은 완만하고 미미한 침하이다.

② 막장 전 침하(또는 융기)

선행침하에 연속되어 발생하는 것으로 막장의 토압 밸런스의 붕괴나 커터를 밀어 넣는 힘에 의해 발생된다. 이 침하는 급격히 발생하는 것으로써, 침하량은 막장압 관리 상태에 좌우되며 선행지중응력보다 막장압이 크면 융기가 발생하고, 작으면 침하가 발생한다.

③ 쉴드 통과 시 침하

측정 지점의 직하부에 쉴드기가 통과할 때 발생하는 것으로, 쉴드기의 외경과 약간 큰 커터외경과의 차이에서 기인한다.

④ 테일보이드 침하

측정점의 직하부에 쉴드기의 테일이 통과한 직후에 발생하는 것으로,

쉴드기의 테일부 외경과 세그먼트 외경과의 차이(테일보이드)에 의한 응력해방과 더불어 발생하는 지반 변형을 말한다. 쉴드 공사 시 발생하는 침하의 대부분은 바로 이 뒤채움 주입을 어떻게 했느냐에 따라 크게 좌우된다. 따라서 쉴드 터널에서는 뒤채움 주입량, 압력, 고화시간 등을 고려한 세밀한 계획과 꼼꼼한 시공을 실시하여야 한다.

⑤ 세그먼트 침하

뒤채움재의 고화가 완료된 후, 세그먼트에 하중이 전달되어 변형이 발생하면서 이로 인한 주변 지반의 거동에 기인한 침하가 발생한다.

⑥ 후속 침하

쉴드기가 통과한 후, 완만하게 계속되는 침하로 주로 지반의 교란에 기인하는 압밀 침하에 의한 지반 침하이다. 경질지반에서는 빨리 완료되지만 연약점성토에서는 2주에서 수주간 계속될 수도 있다.

지금까지 설명한 순서로 발생하는 침하는 횡단면 방향으로는 터널 중심에서 최대가 되는 정규 분포 곡선의 형상을 나타내는 것으로 알려져 있다.

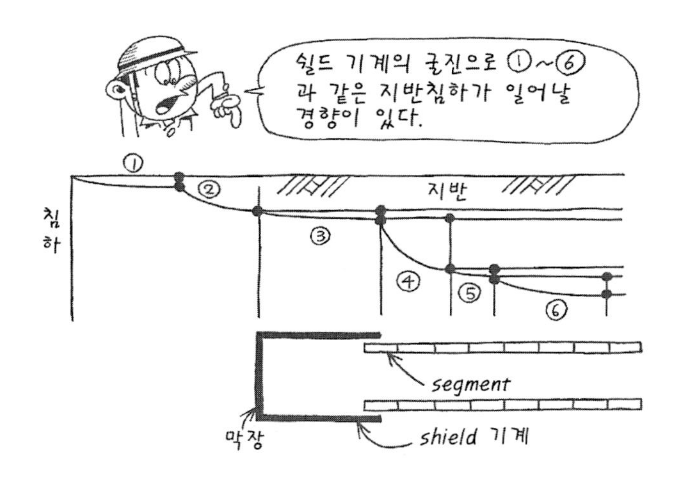

터널 굴착 지점의 지질은 어떻게 조사하는가?

터널은 좁고 긴 구조물이며, 지하 깊숙이 만들어지는 특성이 있다. 따라서 터널을 굴착하기 전에 할 수 있는 지질조사 범위가 한정되어 있으며, 대부분의 경우에는 파내지 않으면 알 수가 없다. 그러나 지형, 지질, 수문 등은 터널의 안전성과 경제성 평가에 가장 필요한 정보라 할 수 있다. 여기서 말하는 지질조사는 루트 선정이나 초기 계획을 위한 조사가 아니라 설계, 시공을 위한 것이라 할 수 있는데, 가능한 한 정밀도 높고 광범위한 조사를 실시해야 한다.

특히 갱구 부근이나 팽창성 지반, 가스를 내포한 지반 등의 특수 지반에 대해서는 보다 상세한 사전정보가 필요하다. 먼저, 개략적인 설계를 위한 조사로는 현장 답사, 수문 조사, 탄성파 탐사, 전기 탐사 등이 실시된다.

조사결과들을 토대로 갱구부나 파쇄대로 생각되는 지점에 보링 조사를 실시한다. 터널 전체 연장에 대해 보링을 실시하면 정밀도 높은 지반 정보를 얻을 수는 있으나, 경제성 측면이나 지형적인 제약이 있기 때문에 불가능하다. 따라서 주로 전체 선로의 개략적인 상황을 알 수 있는 탄성파 탐사를 실시하게 된다. 탄성파 탐사는 탄성파 속도가 지반의 특성과 연관된 점을 이용한 것으로써 단단한 지반일수록 탄성파 속도가 빨라진다. 이 방법은 터널과 같은 선 형태 구조물의 지질조사에는 효용성이 높다. 그러나 터널 상부에 단단한 지반층이 있고, 그 아래의 연약한 지층에서 터널을 굴착하는 경우에 지표면에서 실시하는 탄성파 탐사는 터널상부의 단단한 지층만을 인식하여 가장 유의하여야 할 연약층을 파악하지 못하는 오류가 발생하기 때문에 주의해야 한다.

한 포인트에 대해 실시하는 보링 조사는 지하의 지질을 직접 관찰하거나 공시체를 통하여 물성치와 역학적 특성 등이 나타나므로 가장 확실한 방법이라 할 수 있다. 보링공을 이용하여 공내 실험, 물리 검층, 수위 관찰 등을 할 수 있다. 이와 같이 어느 정도 정밀도 높은 정보 수집을 할 수 있는 보링이지만 지형에 따라서는 보링 위치에 가까이 갈 수 없는 곳도 있어 많은 개소에서 실시할 수가 없으므로 갱내에서 수평으로 실시되는 사례가 늘고 있다.

다른 페이지에서 다룰 지하발전소와 같은 대공동에서는 지반조건이 구조물에 미치는 영향이 일반 터널보다 크기 때문에 철저한 사전 조사가 이루어진다. 이와 같은 경우에는 반드시 조사 갱이 굴착되어 목적에 맞는 조사, 계측, 시험 등이 이루어진다. 그 조사항목으로는 ① 시공성, ② 지질, ③ 지반 강도, ④ 지반의 균열, ⑤ 자립성, ⑥ 용수, ⑦ 지반물성치, ⑧ 역학특성, ⑨ 토압, ⑩ 변위, ⑪ 온도, ⑫ 가스 등이 있는데, 목적에 따라 필요한 조사가 더 상세하게 실시된다. 이러한 조사들은 대공동뿐만 아니라 특수 지반에 대해서도 마찬가지로 실시해야 한다.

산악 터널의 지보설계는 어떻게 하는 것인가?

터널은 지반 내에 구축되는 선 형태의 구조물이므로, 주변 환경과 지반 조건 등의 영향을 크게 받는다. 따라서 설계나 시공 시 충분한 조사가 필요하다. 먼저, 노선과 단면이 결정된 후 설계와 시공을 위한 상세한 조사가 이루어진다. 그 시점에서 터널의 지보 설계가 어떻게 이루어지는지 알아보자. 지보 설계는 발주 시에 공사기간, 공사비용 등을 결정하는 기본이

되는 것이다. 그러나 터널은 실제로 파지 않고는 알 수 없는 것이기 때문에 실시공 단계에서 관찰이나 계측에 의해 지질을 상세히 파악하여 발주 시점의 설계지보를 가장 안전하고 경제적인 것으로 변경하는 것이 통상적이다.

지보설계 시 막장의 자립성, 토압, 변형, 용수 등의 지반 특성을 고려하여 숏크리트, 록볼트, 강제지보공 등의 크기, 수량, 재질 등을 결정하는데, 그 방법은 다음과 같은 세 가지 방법을 조합하여 검토한다.

먼저, 일반 도로나 철도의 터널처럼 동일한 단면으로 시공된 터널이 수없이 많기 때문에 특수한 지반조건이 아닌 경우에는 표준 지보 패턴으로 설계되고 있다.

다음으로 계획지점 가까이에 이미 기존 터널에 있어 그 설계, 시공에 대한 기록이나 자료가 남아 있는 경우에는 비교적 높은 정밀도로 계획지점의 터널 설계를 실시할 수 있다.

마지막으로 가장 어려운 설계 방법인데, 특수한 지반조건, 특수한 단면, 특수한 위치 등의 조건하에서는 상기의 표준 지보 패턴을 그대로 사용할 수 없다. 그뿐만 아니라 유사조건에서의 적용 건수도 매우 적어 그대로 사용할 수 없다. 이와 같은 특수한 경우에는 해석적인 방법을 적용하여 설계한다. 특수한 예로서는 팽창성 지반, 토사지반, 활동성 지반, 토피고가 극히 크거나 작은 지반, 대단면 터널, 주요 구조물이 근접한 경우 등 변형이 커질 것으로 예상되는 경우에는 지표면 침하나 다른 구조물에 미치는 영향을 극히 제한하여야 하는 경우 등이 있다. 해석적 방법에는 이론해석, 수치해석, 역해석 등의 방법이 있다. 해석적 방법을 이용할 때 가장 중요한 요소는 지반조건, 즉 물성치의 평가이다. 넓은 대상 영역에서 채취한 작은 코어(공시체)를 이용하여, 실내실험실에서 시험한 결과인 물성치를 어떻게 평가하고 또 어떤 값을 사용할 것인지를 결정하기가 쉬운 일이 아니다. 따라서 최근에는 유한요소법(FEM)이나 개별요소법(DEM)으로 해석 및 설계를 실시하고 있으며, 시공 시 계측으로 확인된 변형치를 입력데이터로 사용하여 지반의 물성과 초기응력상태, 지보부재의 발생응력, 지반의 변형량을 구하는 방법, 즉 역해석 방법을 이용하여 초기 설계를 변경하는 방법이 이용된다.

터널의 이완압력(하중)이란?

이완압력이란 지반 내에서 터널을 굴착했을 때 발생하는 지반압력 중 하나로, 터널 시공 중에 이완된 지반 덩어리가 중력작용으로 인해 터널 내공 방향으로 떨어지는 압력을 말한다. 즉, 천단에서는 크고 측벽에서는 약하며, 바닥에는 생기지 않는 것이 이완압력이다. 이 압력은 그 자체가 하중이므로 이완하중이라고도 한다.

이 이완하중은 모든 종류의 지반에서 발생할 수 있다. 토피가 얕은 토사지반 같은 곳에서 발생하는 것은 쉽게 이해할 수 있으나 매우 견고한 암반 지반에서도 층리, 편리, 균열 등이 존재하면 그 주변에서 이완이 발생하여 중력방향으로 암괴가 이동한다. 지층의 경사가 크면 주향에 직각으로 터널을 굴착하는 경우에는 이완하중에 의한 영향은 가장 작아진다. 이에 반해, 지층이 급경사이면서 주향과 일치하도록 터널을 굴착했을 때 이완하중은 가장 크게 작용한다.

이완하중이 발생하는 경우에 터널을 굴착할 때에는 가능한 한 이완하중이 작아지도록 굴착하고, 터널 1차 지보나 2차 지보에 걸리는 하중을 작게 하는 것이 합리적인 터널 시공방법이라 할 수 있다. 이를 위해서 견고한 암반에서는 발파의 영향이 크기 때문에 발파 시공법, 화약류의 종류, 양 등을 적절하게 하는 것이 중요하다. 토사지반인 경우에는 굴착종료 후 지보를 얼마나 빨리 설치하는지가 관건이다. 그렇지만 선행변위에서 터널을 굴착하기 전에 이미 굴착된 부분에 의해 지반이완이 시작하기 때문에 전혀 이완시키지 않고 굴착하는 것은 불가능하다. 따라서 얼마나 작은 이완하중 상태에서 적절한 지보로 지지할 수 있는가가 문제이다.

터널의 굴착된 벽면에서 록볼트(그림 참조) 등을 사용하여 적당한 힘으로 지반을 지지하는 것을 지보라고 하는데, 이 지보가 너무 작거나 설치 시점이 너무 늦으면 터널 벽면이 이완되고 점차적으로 이완 깊이가 더욱 깊어져 이완 범위가 확대된다. 터널을 굴착할 경우에 이 이완 범위를 최소화하는 것이 바로 기술자의 능력이다.

재래식 공법에서는 아무리 해도 지보와 지반이 밀착되지 않은 부분이 있어 점점 이완현상이 늘어나는데, 현재 주류를 이루고 있는 NATM 공법을 사용한 이후부터는 이 이완을 상당히 빠른 시간에 억제할 수 있어 점점 더 이완하중이 콘크리트 라이닝에 걸리는 일이 없어지고 있다.

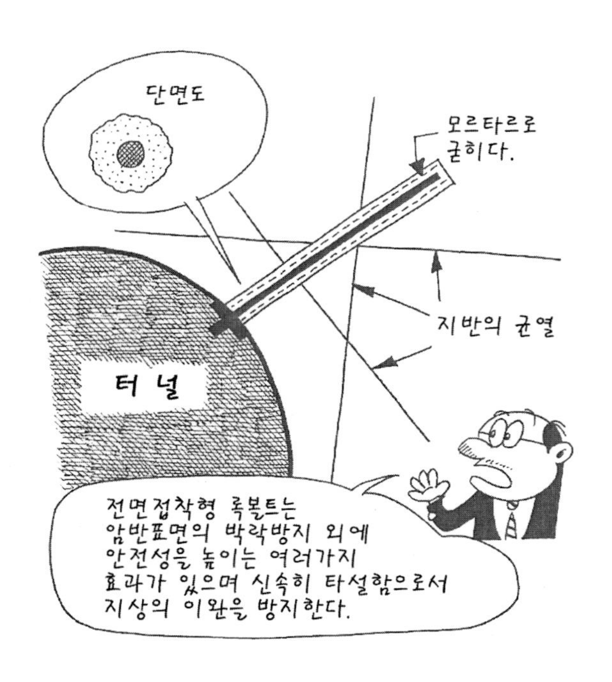

터널의 유지관리는 어떤 식으로 이루어지나?

자동차나 전철이 주행하는 터널에서 사고가 일어나면 일이 복잡해진다. 그러므로 터널 내 노면이나 레일 위에 자갈이나 콘크리트 파편이 떨어져 있어서는 안 된다. 터널구조물의 기능을 오랫동안 유지시키기 위해서는 터널의 안전성과 내구성에 영향을 줄 수 있는 변상들을 지속적으로 조사, 점검할 필요가 있다.

이 조사와 점검이 유지관리에 있어서 가장 중요한 요소이다. 그리고 변상이 발견되면, 그 상황이나 정도에 따라 상세한 조사를 실시한다. 점검에는 순찰차에 의한 순찰 또는 통행에 의해 순시하는 일상점검이 있다. 그리고 걸어가면서 육안으로 확인하는 정기점검이 있으며, 그 밖에 집중호우나 지진발생 시에 실시하는 임시점검이 있다. 이와 같은 점검을 할 때에는 가능한 정량적으로 기록하여 그 이후 변상에 대한 진행 상태를 확인할 수 있도록 해야 한다. 해당 지점에 표시를 하는 것도 그 방법 중 하나이다.

점검 시 발견된 변상의 상황과 건전도를 파악한 후에는 그 원인을 추정한다. 원인 추정과 대책 공법의 필요성을 판단하는 것을 조사라고 한다. 조사는 점검결과를 기준으로 판정하며, 조사가 필요하다고 판정된 경우에 실시되는 표준 조사와 표준 조사를 실시한 후에 변상 규모가 크거나 변상이 진행하는 경우에 실시하는 상세 조사가 있다. 이 점검과 조사를 실시하는 사람은 터널 관련 지식을 가진 전문가가 가장 바람직하나, 인원과 예산, 조직의 관계성 등으로 인해, 점검은 매일 지나다니는 신문 배달원이 보거나 모니터를 정해놓고 실시하는 경우도 있다. 그러나 조사는 반드시 터널 관련 지식을 가진 전문가가 책임감을 가지고 수행하여야 한다.

이 조사에서 변상 원인이 확실해지면 그에 대한 대책을 세운다. 대책을 세우는 목적은 터널의 내구성을 높이고 변상의 원인을 경감하거나 제거하고 통행차량에 대한 위험방지, 미관 향상 등을 위하여 실시하는 것이다. 변상의 원인이 확실하면 대책마련도 결정할 수 있으나, 가장 힘든 것은 그 원인을 특징짓는 것이다. 그 이유는 여러 가지 원인이 서로 겹쳐져 있는 경우가 많기 때문이다. 즉, 지반이나 지하수의 압력을 받아 발생하는 균열, 콘크리트 등의 재질열화로 인해 발생하는 균열, 콘크리트의 특성 때문에 어쩔 수 없이 발생하는 균열 등을 쉽게 판단할 수 없기 때문이다.

그러므로 반드시 시공 시 지반상황이나 지보 패턴, 용수상황 등을 기록해서 보관해야 한다. 실시한 조사, 즉 대책에 대한 기록도 중요하다. 아직은 수치해석에 의한 보강효과의 설계가 어렵기 때문에, 과거 사례를 참고로 하여 종합적으로 판단할 필요가 있다.

칼럼 5

★후지고호(5개의 호수)를 잇는 터널은 무엇인가?

후지화산의 북쪽 기슭에는 동쪽에서부터 야마나카호(山中湖), 가와구치호(河口湖), 니시호(西湖), 쇼지호(精進湖), 모토스호(本栖湖)와 연결되는 5개의 호수(후지고호)가 있는데, 후지산과 잘 조화를 이루며 아름다운 경관을 뽐내고 있다. 이 호수들은 북쪽의 미사카산지와 후지산 사이의 계곡이 용암 때문에 흐름이 막혀서 생긴 것이라고 한다. 5개 호수의 물은 후지산에서 내려오는 복류수로, 후지산의 강설과 강수량이 5개 호수의 수량과 밀접하게 연관되어 있다. 호수의 크기는 야마나카호, 가와구치호, 모토스호, 니시호, 쇼지호 순이다. 깊이는 모토스호가 가장 깊고 니시호가 그 뒤를 잇는다. 5개 호수의 해발은 야마나카호가 가장 높고, 니시호, 쇼지호, 모토스호는 똑같은 수위이므로 지하 터널로 연결되어 있다.

약 1만 년 전 화산 분화 활동 시, 오시노호, 가와구치호, 세노우미, 모토스호가 생겼다고 한다. 846년의 죠우간분화(貞觀噴火)에서는 후지산 북서 기슭에서 다량의 용암(아오키가하라마루미)이 유출되어 세노우미가 갈라지면서 니시호와 쇼지호가 생겨났다. 고온의 용암은 호수로 흘러 들어가 급냉되어 베개 모양의 용암이 되었고, 그것들이 덩어리로 뭉쳐졌다. 니시호, 쇼지호, 모토스호의 수위가 같은 것은 뭉쳐진 덩어리 또는 덩어리들 간의 매우 큰 간극을 통하여 이 3개의 호수가 서로 연결되어 있기 때문으로 여겨진다.

아오키가하라의 수해(樹海)가 유명한 것처럼, 후지산 자체가 하나의 거대한 미스테리인데, 후지고호도 그 하나이다. 특히 '니시호'는 자살자나 익사자 등이 많은데, 익사자는 사체가 발견되지 않을 때도 많아 지하 터널이 그 원인일지도 모른다고들 한다. 아무튼 원한 많은 영혼이 관광객이나 자살하려는 사람들을 끌어들이고 있다고 하니, 세심한 주의가 필요하다.

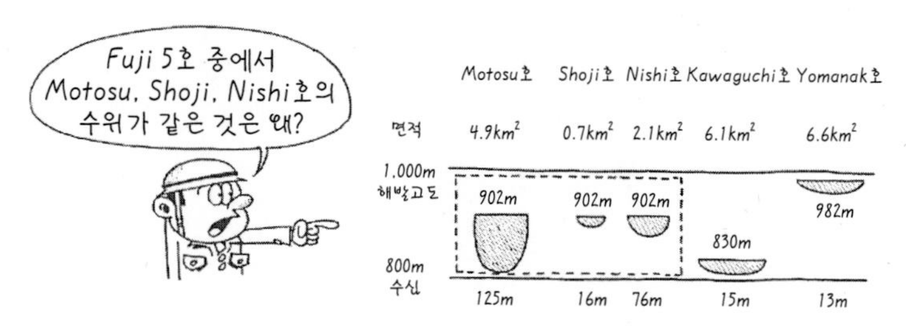

터널 시공

4 터널 시공

물을 많이 함유한 매우 연약한 지반에 터널을 굴착하면 주변 지반이 무너진다. 이 문제에 대응할 수 있는 방법이 19세기 중엽에 영국의 웰즈광산에서 이용된 동결 공법이다. 이 공법은 동결관을 땅속에 묻은 후 지반 내의 수분을 동결시켜 지반을 단단하게 한 후에 굴착하는 방법이다. 이와 같이 기술자들은 여러 가지를 생각하며 기술력을 높이고 있다.

여기서는 자연과 지구환경을 배려한 기술, 정보화 시공기술, NATM 공법을 비롯한 여러 가지 공법의 소개부터 최근 문제점으로 자주 지적되는 터널 내부의 콘크리트가 떨어지는 원인인 콜드조인트에 대해서도 설명하고자 한다.

터널을 굴착하면 지하수에 어떤 영향을 미치는가?

지하수는 빗물이 지표에서 스며들어 지반 내의 모래층이나 자갈층, 균열이 많은 암반 등에 축적된 것을 우물이나 자연수로부터 채취하여 식용이나 공업용, 관개용 등으로 활용하고 있다. 또 지하수는 지표의 온도나 습기를 유지시켜주는 기능도 있으며 식물 등의 생태계 유지에도 필수 불가결하다.

인간생활이나 자연환경에 중요한 지하수지만 터널 공사 시 지하수를 포함한 대수층에 닿으면 지하수가 대량으로 뿜어져 나오면서 주변의 흙도 함께 허물어져 터널이 붕괴되는 원인이 되기도 한다. 따라서 지하수를 많이 함유한 모래층이나 자갈층에 터널을 시공하는 경우에는 지표면과 터널의 굴착 선단부(막장)에서 보링공을 설치하여, 굴착할 장소의 지하수를 미리 강제적으로 빼는 작업이 흔히 실시되고 있다. 물을 빼고 지하수위를 낮추면 지반이 안정화되어 터널 굴착이 용이해지기 때문이다.

그러나 지하수를 강제적으로 빼는 공법은 터널 주변의 지하수 환경에 영향을 줄 수가 있다. 즉, 지하수위를 낮추면 인근 우물의 수량이 감소되거나 경우에 따라서는 우물이 말라버릴 수도 있다. 지하수위가 낮아지면 지표면이 말라 기존의 자연식생이 바뀌기도 한다.

지하수위가 낮아지면 또 한 가지 중요한 결과를 초래할 수 있는데, 바로 지반 침하이다. 대수층은 통상적으로 점토층 사이에 존재한다. 지하수위보다 아래에 있는 지층이라면 대수층뿐만 아니라 점토층에도 지하수가 많이 포함되어 있으나, 점토층은 지하수가 잘 통하지 않는 성질을 갖기 때문에 터널을 굴착하더라도 점토층에서 대량으로 물이 나오지 않아 들어가 있는 물을 빼내는 일도 쉽지 않다. 대수층의 지하수를 빼내면 대수층 내의 수압은 감소하여, 점토층과 대수층의 수압 균형이 깨져 점토층 속에 들어 있던 물이 대수층으로 천천히 빠져 점토층이 수축된다. 이를 압밀 현상이라고 하며, 지반을 침하시켜 주변에 존재하는 기설 구조물에 악영향을 미친다.

그러면, 지하수가 많이 들어 있는 지층에 지하수를 빼지 않고 터널을 굴착하려면 어떻게 해야 할까? 해결책으로서 지반을 견고하게 해주는 시멘트 밀크나 물유리계의 약제 등을 지반의 틈새에 주입하여 터널 주변 지반의 지하수가 흐르기 어렵도록 해주는 방법이 있다. 이 방법을 그라우팅 공법이라고 하며, 세이칸 터널 공사에서도 사용되어 많은 실적을 올렸다.

이러한 내용은 터널 시공 시에 유념해야 할 사항들인데, 터널 공사가 완성된 후에도 지하수에 대한 영향을 고려해야 하는 경우가 있다. 예를 들면, 개착 터널에서는 지표에서 굴착하여 터널구조물을 만들 때 토류벽을 설치한다. 그러나 터널이 완성된 후에도 토류벽이 지하에 계속 남아 그것이 지하수의 흐름을 막아 하류의 지하수위를 떨어트려 우물이 마르거나 지반이 침하하는 원인이 되기도 한다. 이 때문에 처음부터 투수성이 있는 토류벽을 지수판과 함께 시공한 뒤 나중에 그 지수판을 빼내거나, 터널 양측에 우물을 파서 지하수를 상류에서 하류로 우회하여 통수시키는 공법을 고려하고 있다.

자연과 지구환경을 고려한 기술에는 어떤 것들이 있는가?

2000년 6월에 국회에서 폐기물처리에 관련된 여섯 가지 법안이 통과되었다. 그중 건설업계와 깊은 관련이 있는 것은 '폐기물 처리 및 청소에 관한 법률(개정폐기물처리법)'과 '건설공사 관련 자재의 재자원화에 관한 법률(건설재활용법)'이다. 순환형의 사회를 형성하여 자연과 지구환경을 조금이라도 보전하고자 하는 의도에서 성립된 이 법안의 시행에 따라 앞으로 더욱 친환경적인 기술이 각광받을 것이다. 여기서는 터널 공사와 관련하여 자연과 지구환경을 지키기 위한 친환경 기술 중에서 몇 가지를 소개하고자 한다.

굴착토의 재활용 기술

터널 공사에서 배출된 슬러지의 대부분은 현장에서의 탈수 처리, 시멘트 및 석회를 첨가하는 고화 처리 등에 의해 함수율을 낮추어 처리하고 있다. 그리고 이 처리되는 슬러지들을 도로의 노상이나 방조제의 재료, 택지 조성 공사의 성토 등으로 이용될 수 있다. 그리고 최근에는 쉴드 공법으로 얕은 하저 터널을 시공할 때 쉴드에 의한 굴착토에 시멘트계 재료를 혼합한 처리토를 쉴드 터널 위에 복토하여 터널을 안정화시키는 공법도 개발되고 있다.

재활용 건재의 이용

건설구조물 해체 시 유리, 세라믹, 하수 슬러지와 생활 폐기물 등의 소각재 등으로 만든 외벽재를 적극적으로 터널 내벽 공사에 사용하는 사례가 늘고 있다.

자연식생의 보전과 재생기술

터널 설계, 시공 시 자연 생태계의 변화를 최소한으로 억제해야 할 뿐만 아니라 자연식생을 적극적으로 보전, 재생하여야 한다. 예를 들면, 습생식생의 경우에 지역적인 습지식물이나 식생구조 등의 기초 연구 성과를 토대로 확실하게 보전 및 재생하는 기술이 개발되어야 한다. 터널 갱구 부분의 법면(성토나 절토에 의해 인공적으로 형성된 경사면)에 주변의 경관과 조화를 이루며 안정성을 높이는 재래품종 식물을 중심으로 한 군락을 생성시키는 작업도 실시하고 있다. 이는 식물생태학 등을 토대로 현장 주변의 환경조사를 실시하여 그 결과에 따라 가장 최적의 종자배합 및 생육기반재를 설계하는 것이다.

벌채재 탄화 이용기술

터널 갱구부 등에서는 많은 수목을 벌채해야 할 때가 자주 있다. 이 벌채재들의 처리 방법 중 하나가 목탄 제조이며, 벌채재를 현장 내에서 안전하게 그리고 간단하게 탄화시킬 수 있는 시스템도 개발되고 있다. 생성된 목탄은 연료로 이용될 수도 있고 법면녹화 등의 토양 개량재나 수질정화재로도 활용이 가능하다.

탁수 처리기술

터널 공사에서는 지하로부터의 용수와 공사에 사용한 물, 플랜트 세척수 등 많은 탁수가 발생한다. 그러나 이 탁수들을 하천이나 하수도로 함부로 방류하면 수질환경이 악화된다. 따라서 터널 공사를 할 때는 반드시 탁수 처리 설비를 설치하여 탁수를 침전시키거나 정화시키고 있다.

동결 공법이란?

쉴드 공법에서는 쉴드 머신을 땅속에 집어넣어야 한다. 이것은 미리 콘크리트 등으로 수직갱을 시공한 후 그곳으로 쉴드 머신을 넣고 발진시키는 것인데, 먼저 쉴드 머신 단면 크기의 구멍을 뚫어야 한다. 그러나 수직갱 주변의 지반이 매우 연약한 경우, 구멍을 뚫으면 주변의 토사가 붕괴되어 수직갱으로 흘러들어갈 위험이 있다. 그때, 주변 지반이 붕괴되지 않도록 하는 공법의 하나로, 주변의 흙을 얼려서 단단하게 하는 '동결 공법'이 이용된다. 여기서는 동결 공법에 대하여 설명하고자 한다.

동결 공법은 지반 개량 공법의 하나이다. 19세기 중엽, 영국의 웰즈광산에서 수직갱을 굴착할 때 처음으로 이용한 공법으로 알려진다. 일본에서는 1960년대 초 오사카 모리구치시의 수도관 설치 공사에서 처음으로 이용되었다고 한다.

동결 공법에서는 동결관을 지반 속에 여러 개 집어넣고 그 안에 동결기로 −30℃로 얼린 브라인이라는 냉각액(일반적으로는 염화칼슘수용액)을 흘려보낸다. 그러면 동결관 주변의 흙속에 포함된 수분이 동결관을 중심으로 아이스캔디 모양으로 얼기 시작한다. 냉각액을 계속 더 흘려보내면 흙 속의 아이스캔디 모양의 얼음 기둥이 두꺼워져 각 흙들의 아이스캔디가 서로 뭉쳐지므로 마침내 땅속에 얼음벽을 만들게 된다. 얼려진 흙은 원래의 흙에 비해 매우 단단해진다.

이와 같은 동결 공법은 쉴드 터널끼리의 접합 공사나 주변에 중요한 구조물이 있어 이를 보호하면서 지반을 굴착하는 지반 개량 공법으로 이용되고 있다. 도쿄만 횡단도로(도쿄만 아쿠아라인) 공사에서도 앞서 언급한 쉴드 머신의 발진대로 이용되었다.

동결 공법은 한 번 동결된 흙이라도 공사가 끝나 해동되면 원래대로 환원되므로 무공해 공법이라 할 수 있다. 동결 작업은 수개월에 거쳐 천천히 하는 것이 보통이다. 너무 빨리 동결시키면 지반을 융기시킬 우려가 있기 때문이다. 그뿐만 아니라 설비비용도 많이 들어간다. 따라서 공사기간이 충분한 대규모 공사에서 적절한 지반 개량 공법을 찾을 수 없는 경우에 이용하는 특수한 공법이라 할 수 있다.

터널 정보화 시공이란 어떤 것을 말하는가?

터널 기술자의 사명은 산악부든 도시부든, 지반이 양호하든 연약하든, 땅속에 안정된 터널구조물을 적절하고 안전하게 그리고 경제적으로 만드는 것이다. 그러므로 터널을 만들 때에는 어떤 현상이 일어날지를 예측해야 하지만 터널 공사 시 예측된 현상과 실제는 차이가 있을 수밖에 없다.

그것은 터널을 만들고자 하는 지반이나 암반은 원래부터 복잡 다양한 자연 그 자체이기 때문에 사전에 지반상태를 정확하게 파악하기가 매우 힘들다. 설계나 현상 예측에서는 하중조건, 구조조건, 시공방법에 대하여 여러 가지 가정을 토대로 하여 상당히 신뢰성 있는 계산방법이 실용적인 면에 도움을 주지만, 모든 조건을 만족하는 완벽한 계산방법이 존재하지 않는 것도 그 원인 중 하나다.

이러한 이유 때문에 아무리 치밀한 조사를 하거나 아무리 정확한 예측을 한다 해도 지반은 예측과는 다른 경우가 대부분이다. 이는 터널과 관련된 모든 기술자들이 경험하고 있는 현실이다. 여기에 경험공학의 대표라 할 수 있는 터널 공학의 중요한 역할이 뒷받침되고 있다. 즉, 예측과 실제의 차이를 어떻게 이해하고 해결하는지가 핵심인데, 그 방법이 바로 정보화 시공이라는 공학적 방법이다.

정보화 시공이란 항상 변화하는 현장의 상황을 정량적으로 측정한 후 그 시점에서의 상황을 파악하여, 설계치와 측정치의 차이를 밝혀내고 각 시점에서 설계를 수정하여 다음 단계 이후의 계획을 최신 정보로 다시 검토・확인・수정하면서 시공하는 것을 말한다.

정보화 시공 개념은 1948년에 Terzaghi와 Peck에 의한 『Soil Mechanics

in Engineering Practice』 중에서 'Observational Procedure'로서 소개되었다. 이것이 기원이 되어 정보화 시공이 오늘날까지 발전되어 왔다. 즉, 당시에는 관찰에 기초하여 시공방법을 수정하는 정도였으나, 과학기술의 발전과 더불어 계측기기 및 컴퓨터의 급속한 발전과 보급으로 터널 공학에서도 활용되었다.

현재는 대규모의 복잡한 공사라도 시시각각 얻는 막대한 계측 데이터를 컴퓨터로 해석하여 정확하게 상황을 판단하고 예측과 실제의 차이를 규명함과 동시에, 그 후의 적절한 시공방법을 의사 결정할 때까지의 모든 과정을 실시간으로 수행할 수 있게 되었다.

그러나 정보화 시공이 실효를 거두기 위해서 유의해야 할 점도 아주 많다. 예를 들면, 전체를 토대로 한 계측 계획과 예상되는 거동에 대한 대책 준비 및 신속한 대책 실시 등을 들 수 있다. 어떤 것이든 터널 기술자의 사명을 다하기 위해 정보화 시공을 어떻게 이용하는지가 중요하다.

MMST 공법이란 무엇인가?

도로나 철도 등의 터널은 비상 주차장, 인터체인지의 램프부, 지하역 진입 부분 등에서는 터널 단면을 조금씩 크게 할 필요가 있다. 쉴드 공법으로 터널을 굴착하는 경우, 보통 이와 같이 단면이 넓어지는 곳은 지상에서 흙을 굴착하여 콘크리트제의 구조물을 현장에서 만들게 된다. 그 이유는 쉴드 공법에서 사용하는 굴착기(쉴드)는 일단 제작해서 쓰기 시작하면 그 모양을 바꿀 수가 없기 때문이다.

도시 과밀화로 인해 지상뿐만 아니라 지하에도 여러 가지 구조물이 만들어져 있는 현재로서는, 굴착 장소에 따라 단면이 넓어지는 터널을 지상에서 만들 수 없는 경우도 있다.

그래서 생각한 것이 MMST 공법이다. MMST 공법은 'Multi-Micro Shield Tunnelling Method'의 첫 글자를 조합하여 명명한 공법으로, 다음 그림에서 알 수 있듯이 작은 터널을 많이 만들어서 각 터널을 서로 연결시킨 후 터널 내부의 토사를 굴착하여 큰 터널을 만드는 공법이다. 이렇게 하면 서로 연결시킨 부분을 점점 키워 터널 단면의 크기를 점점 크게 할 수 있고, 반대로 큰 터널을 작게 할 수도 있기 때문에 지상에서 구멍을 뚫을 필요가 없다.

MMST 공법은 큰 터널을 작은 터널의 집합체로 만들기 때문에 주변 지반까지 그다지 교란시키지 않는다. 사질 지반에 큰 터널을 만들면 금방 무너져 버리는 반면에 작은 터널이라면 잘 무너지지 않는 것과 같은 원리이다. 따라서 큰 터널을 지하 얕은 곳에 만들 수도 있고 다른 구조물의 바로 근처에서 큰 터널을 만들 수도 있다.

보통의 쉴드 터널은 원형이 일반적이지만 MMST 공법은 작은 터널들이 조합되어 여러 가지 형상의 터널을 만들 수 있기 때문에 구조물의 용도에 맞는 형상의 터널 시공이 가능하다.

이 공법이 처음 시도된 곳은 수도 고속도로의 가와사키선 공사에서의 시험 시공에서였다. 터널은 전부 3개로 모두 사각형 단면 형상이었다. 내공 및 공사연장은 각각 9.8m(가로) × 9.2m(세로) × 75.4m(연장), 8.6m × 10.5m × 77.7m 및 10.6m × 9.2m × 60.0m였다.

이 시험 시공을 실시한 후, 같은 노선인 가와사키선에서 MMST 공법에 의한 일본 수도 고속도로의 본선이 현재 시공되고 있다.

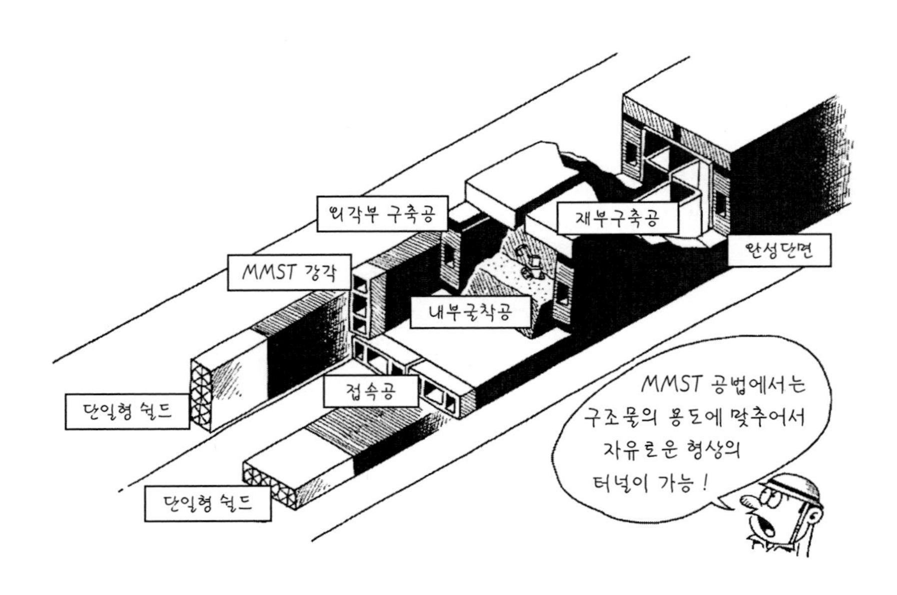

낡은 터널을 새롭게 하는 방법은?

여기서는 '터널을 새롭게 하는 방법'이라는 질문을 '점검결과에 준해 보수·보강을 실시하여 준공 당시와 동등 이상의 성능으로 유지하는 방법(유지관리 및 대책 공법)'이라는 말로 바꾸어, 산악 터널에 대하여 설명하자 한다.

터널 관리자는 정기적으로 터널을 점검, 진단한다. 점검 종류로는 초기점검, 일상점검, 정기점검, 상세점검 및 긴급점검이 있으며, 초기점검에서 정기점검까지는 주로 육안이나 타음에 의한 조사가 이루어지며, 변상전개도(외관망도)에 기록한다. 이 점검에 의해 새로운 변상이 발견되었을 때나 변상의 진전이 현저할 때에는 보수·보강의 필요성 여부를 상세히 점검하고 검토하여 그 대책을 수립해야 한다. 그리고 긴급점검은 지진이나 화재 등 이상 재해 직후에 실시하는 점검이다.

터널에서의 변상은 보통 콘크리트 라이닝에서 발생한다. 구체적으로는 균열, 단차(어긋남), 박리, 박락, 압괴·압좌(압축력에 의한 균열), 누수, 단면 변형(밀려들어옴, 부풀어 오름) 등이 있다. 이들 변상의 주된 원인은 토압작용, 콘크리트 라이닝의 품질 불량, 지반의 변동, 지반의 동결, 지진 등이다. JR 산요신칸센의 터널 라이닝 콘크리트가 박락되어 하마터면 대형 참사로 이어질 뻔한 사건을 기억하는 이들도 많을 것이다.

공공성이 높은 터널을 그러한 사고로부터 지키기 위한 대책으로 다음과 같은 보수·보강 공법이 활용된다.

① 편압을 피하고, 토압을 경감시키는 방법

터널 구조상, 토압이 균형을 잘 유지하고 있으면 라이닝 콘크리트에 변상이나 이상은 발생하지 않는다. 토압의 불균형을 수정할 목적으로 보호 성토, 보호 절취, 뒤채움 주입 등의 대책이 실시되고 있다.

② 토압에 저항하는 방법

먼저 터널이 붕괴되는 일은 없지만, 토압에 의해 터널 단면에 변형이 생기면 터널 내공 단면을 확보할 수 없고 라이닝 콘크리트가 박락될 우려가 있어 바람직하지 않다. 토압 힘으로 저항하는 대책으로는 지보공 및 단면 보강, 열화된 콘크리트의 단면 보수 및 부분 개축, 인버트 설치, 록볼트공, FRP 시트 부착 및 강판 부착에 의한 보강(내면 보강) 등이 있다.

③ 박락을 방지하는 방법

라이닝 콘크리트의 박락 파편이 주행 차량이나 보행자에게 떨어져 제3자에게 영향을 줄 때가 있다. 이러한 사고를 방지하기 위하여 안전 그물망 및 철망 등의 설치, 숏크리트 공법, 내면 보강 등이 실시되고 있다.

④ 누수를 막는 방법

터널 내에서의 누수는 터널 내부의 강제 부대설비가 부식되는 원인이 되기도 하며, 특히 철도에서는 전기 및 신호 케이블을 손상시킬 수도 있기 때문에 절대로 누수가 일어나서는 안 된다. 그리고 누수가 겨울철에 고드

름이 되면 차량주행 시 방해되기도 하며 안전운전을 저해하기도 한다. 이에 대한 대책으로 지수 공법, 도수 공법(선방수, 면방수), 숏크리트 공법, 수위 저하공, 뒤채움 주입, 동해대책(단열 공법) 등이 실시되고 있다.

이러한 대책으로도 해결되지 않는 경우, 실제 사례는 드물지만 루트를 변경하여 신설 터널을 다시 만들 때도 있다.

터널의 '유지관리 및 대책 공법'은 터널 관리자나 사용형태(철도, 도로, 수로 터널, 공동구 등)에 따라 조금씩 다르기 때문에 해당 터널에 맞는 점검과 대책이 필요하다.

쉴드 공법의 자동화 기술에는 어떠한 것들이 있는가?

쉴드 공법은 동일한 작업의 반복이 많기 때문에 수많은 토목기술 중에서 가장 자동화에 적합한 공법으로 알려져 있다. 그러나 쉴드 공법을 완전 자동화하려면 수많은 시공과정을 자동화해야 하기 때문에 아직은 완전 자동화에는 이르지 못한 것이 현실이다.

현재로서는 쉴드기의 자동 막장 안정 제어, 쉴드기의 자동 방향 제어, 자동 뒤채움 주입 제어, 자동 굴착 토사반출, 세그먼트 자동 반송, 세그먼트 자동 조립, 수직갱의 안전관리 등이 실용화되어 있다.

다음은 대표적인 자동화 시스템이다.

① 종합 굴진 관리 시스템

막장의 상황이나 굴진 상황을 소형 컴퓨터에 의해, 짧은 계측 간격으로 전자동으로 계측하여, 이들을 모니터에 표시한다. 특히 막장의 압력균형, 이론 굴착 토량과 실제 굴착 토량의 일치성 그리고 쉴드기의 시공 파라미터 등을 기준치와 비교하여 최적의 굴진을 유지하는 것이다.

② 자동 유도 시스템

쉴드기의 자동 유도는 측량에 의해 쉴드기의 위치 및 자세를 확인하여 계획 노선으로부터의 편차를 구하고 수정에 필요한 제어량을 해석하여, 그 계산된 제어량에 적합한 쉴드잭을 선택 및 운전하는 것이다. 이 제어 계산에는 카르만 필터 이론과 퍼지 이론 등을 사용한다. 두 이론 모두 고정밀도 및 생력성(노동을 줄이는 일)을 위해서는 자동 측량이 꼭 필요하다. 현재 실용화되는 것은 자이로 콤파스 방식, 레이저 방식, TV 카메라 방식이 있으며, 이들을 조합하여 사용하기도 한다.

③ 자동 뒤채움 주입 제어

굴진에 따른 주변 지반의 영향을 최소한으로 억제하기 위해, 쉴드기의 여굴량에 따라 주입량과 주입 압력을 제어하는 시스템이다. 뒤채움재의 재고관리, 플랜트의 운전상황 등을 감시하기도 한다.

④ 세그먼트 자동 조립 시스템

세그먼트 자동 조립 시스템은 세그먼트를 조립 기계에 공급, 세그먼트의 위치 지정, 볼트너트의 공급, 볼트 체결 등의 일련의 작업을 시스템화하여 자동 제어하는 것으로써, 세그먼트 자동 조립 로봇이라고도 할 수 있다. 특히 터널 단면이 커지면 조립시간의 단축효과가 높아, 조립 작업의 안전성 향상과 조립 정밀도 향상이 뚜렷이 드러난다.

⑤ 작업 안전관리

입갱자의 상황을 관리함과 동시에 갱내의 환경(온도, 습도, 산소 농도, 메탄가스 농도, 황화수소)을 상시 연속적으로 계측하며 그 밖에도 긴급시의 경보장치도 구비되어 있어, 공사의 안전성 향상 및 사고방지에는 빠트릴 수 없는 인명 보호 시스템이다.

쉴드 머신의 방향 제어 기술에는 어떠한 것들이 있는가?

쉴드 공법에서는 계획 노선에 따라 터널을 구축하지만 지반 속을 굴진함과 동시에 움직이는 쉴드 머신의 위치나 자세를 항상 정밀도 높게 파악하여, 쉴드 머신을 목표대로 유도하는 운전기술이 무엇보다 중요하다. 쉴드 머신을 자동 유도하기 위해서는 쉴드 머신의 위치나 자세의 측량, 쉴드 추진잭의 조작이 필요하다.

① 쉴드 머신의 위치 및 자세 측량

쉴드 머신의 자동 방향 제어에서는 굴진과 함께 움직이는 쉴드 머신의 위치 및 자세를 실시간으로 파악하는 것이 가장 중요하다. 쉴드 머신의 위치 측정은 터널 갱내의 기준점 측량과 쉴드 머신의 위치 측량으로 이루어진다. 기준점 측량은 트래버스 측량과 수준 측량으로 이루어진다. 위치 측량은 머신에 설치한 타깃(기준점)의 측정 결과와 쉴드 머신에 탑재되어 있는 롤링계·피칭계로부터 쉴드 머신의 평면 위치, 종단 위치, 자세를 계산한다. 쉴드 머신의 자동 측량은 일반적으로 기준점으로부터의 레이저 방식과 자이로 방식 등에 의해 대부분 실시되고 있다.

◎ 레이저 방식 : 터널 갱내에서 가장 쉴드 머신에 가까운 기준점에 광파거리계가 달린 레이저 트랜시트를 세팅한 후, 쉴드 머신에 세팅한 타깃을 포착하여 쉴드 머신의 3차원 위치를 측정하는 것이다.

◎ 자이로 방식 : 방위 변화를 측정하는 레이트 자이로와 상시 진북방향을 가리키는 방위 자이로가 있는데, 모두 피칭계, 롤링계, 잭스트로크계, 수준계 등을 조합하여 쉴드 머신의 위치와 자세를 측정한다.

② 방향 제어 이론

종래에는 숙련 기술자의 경험과 감각으로 쉴드잭의 사용 패턴을 1링에 대해 1회 정도 변경하는 것으로 실시되어 왔다. 이런 점에서 자동 제어 시에는 숙련 기술자의 노하우를 어떻게 모델화하는가가 중요하다. 여기에서는 다음에 소개하는 퍼지 이론과 카르만 필터 이론 등이 이용되고 있다.

◎ 퍼지 이론 : 가전제품에 흔히 도입되는 간단한 제어 기술로써, 인간의 부정확함을 수량화한 제어 이론이다. 쉴드 머신의 방향 제어 시 숙련 기술자의 설문조사 결과를 토대로 제어 방식이 정해졌다.

◎ 카르만 필터 이론 : 카르만 필터 이론이란 로켓의 궤도 제어에 응용되는 것으로, 쉴드 머신의 위치·자세를 예측하고 그 예측 결과에 대한 제어 계산을 수행함으로써 피드백 예측 제어를 실시한다. 이 이론은 예측 계산과 제어 계산 모두 이용된다.

③ 쉴드 머신의 방향 제어

방향 제어는 계획 선형 상으로 쉴드 머신을 유도하기 위하여 수많은 잭 중에서 최적의 잭 조합 패턴을 선택하여 쉴드 머신에 회전 모멘트를 주어 방향을 제어하는 것이다. 급곡선에서는 잭 패턴의 변화만으로는 불충분한 경우가 많다. 이러한 경우에는 가운데가 휘어지는 기구를 장착하여 쉴드 머신의 방향을 변화시킴으로써, 방향을 제어하는 것도 일반화되어 있다.

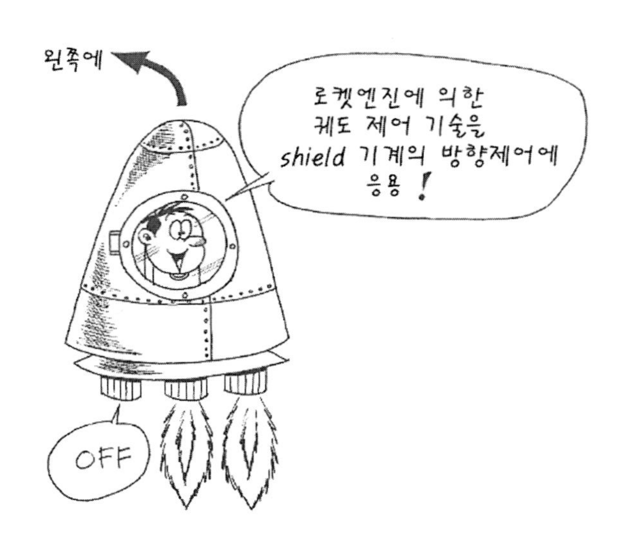

NATM 설계란 어떤 것이며, 어디에 쓰이는 것인가?

NATM 터널의 시공은 일반적으로 1m 굴착할 때마다 강제지보공을 세워 숏크리트와 록볼트를 시공한 후, 다시 다음 스판의 굴착작업을 반복하여 공사를 진행한다. 그 결과, 터널은 주변 지반이 본래 갖는 강도와 새로 설치된 강제지보공과 숏크리트, 록볼트 등의 지보부재에 의해 안정을 유지한다. 반대로, 주변 지반의 강도가 떨어지거나 각 지보부재에 작용하는 외력이 부재 한계를 초과하면 터널은 그 안정성을 유지할 수 없다.

터널 공사에서는 굴착을 개시하기 전에 미리 보링 조사나 물리탐사 등의 여러 가지를 조사하여 굴착하고자 하는 지반 특성을 알려고 하지만, 터널은 연장이 긴 구조물이기 때문에 전체 연장에 걸쳐 지반 특성을 고정밀도로 찾아내는 것은 불가능할 뿐 아니라, 부득이 시공법이 변경될 때도 있다. 시공법을 적절히 선정(변경)하려면 지반이나 터널 지보공에 어떠한 현상이 생기는지를 정확히 파악해야 한다.

이와 같은 이유에서 시공 시 터널의 내공변위, 지보공 응력, 주변 지반의 변위 등 여러 가지 계측을 실시하여 터널구조물과 주변 지반 또는 근접하는 구조물 등의 안전을 확인하면서 굴착할 필요가 있다.

NATM 터널의 계측 목적을 정리하면 다음의 네 가지로 요약된다.

① 터널의 안정 확보(내공변위, 강지보공응력, 록볼트 축력 등)

② 지반의 거동 감시(지중변위, 지중침하, 수평변위, 지표침하 등)

③ 근접 구조물의 거동 감시(경사계, 침하계 등)

④ 향후 유지관리를 위한 자료 수집

터널마다 주목해야 할 특성이 서로 다르기 때문에 어떤 현상에 주목하여, 얼마나 적절한 계측 항목, 위치, 빈도 등을 설정하는가가 중요하다.

계측 항목을 크게 나누면 모든 터널에서 반드시 실시하는 계측(A 계측)과 필요에 따라 추가하는 계측(B 계측)으로 나뉜다.

A 계측은 막장 관찰, 내공 변위·천단 침하 두 가지이다. 막장 관찰은 매 막장마다, 내공 변위·천단 침하는 일반적으로는 10~20m 간격으로 실시된다. 최근에는 매 막장마다 얻는 관찰 결과를 화상처리 기법에 활용하여, 3차원적인 지질구조도를 작성하는 기술도 활용되고 있다. B 계측은 강지보공 응력, 숏크리트 응력, 록볼트 축력, 지중변위, 또는 근접 구조물의 감시 계측 등을 실시하는 것으로서, 단층 파쇄대 구간, 토피가 얕은 구간, 구조물과 근접한 구간 등에서 A 계측만으로는 터널 주변의 움직임을 파악하는 데 불충분한 경우에 추가적으로 실시한다.

계측 결과로부터 터널(지보공)에 어느 정도의 힘(토압)이 걸리는지, 주변 지반은 어느 범위까지 약해져 있는지(이완 영역)를 판단할 수 있으며, 계측 결과로부터 주변 지반의 강성 등을 역산하기도 한다.

아무튼 터널은 시공장소가 시시각각 이동되기 때문에, 굴착 지점까지의 계측 결과를 어떻게 활용하여 다음 단계의 시공구간에 반영시키느냐가 중요한 관건이 된다.

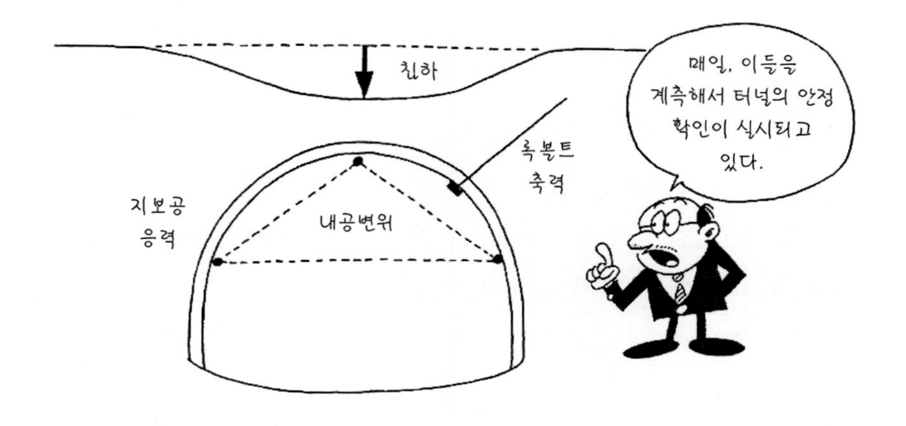

NATM의 계측 관리 기준은 어떻게 결정되는가?

NATM에서는 일단 굴착에 따른 변상이 발생하면 터널 자체의 안정성을 저해할 뿐 아니라 근접 구조물에도 파급되는 등 중대한 악영향을 주기 때문에 계측 관리가 중요하다.

그러나 막연하게 그날그날 계측하여 데이터를 수집하거나 데이터를 건성으로 봐서는 다음 단계의 시공에 효과적으로 활용할 수가 없어, 그 데이터는 무용지물이 된다. 데이터를 효과적으로 활용하기 위해서는 미리 설정해 놓은 특정 값을 넘어서는 안 된다는 관리 기준치를 설정하여 그 값과 대조하여 관리해야 한다.

관리 기준치로는 내공 변위 · 천단 침하, 강지보공 응력, 지표면 침하, 록볼트 축력 등이 이용된다. 강지보공 응력, 록볼트 축력 등은 그 부재의 강도를 기준으로 관리 기준치를 설정하나, 내공 변위 · 천단 침하, 지표면 침하 등은 주변 지반의 종류, 터널의 크기, 근접 구조물의 구조 형식 등에 따라 결정된다.

관리 기준치는 최종적인 한계치만을 설정하는 것이 아니라, 다음 그림과 같이 3단계 정도로 설정된다. 갑자기 한계치에 도달하면 아무런 대책도 강구할 수가 없기 때문에 한계치를 관리 수준 Ⅲ로 하여, 예를 들면 수준 Ⅱ를 수준 Ⅲ의 80%, 수준 Ⅰ을 수준 Ⅲ의 50%(경우에 따라서는 FEM 해석치를 수준 Ⅰ로 설정할 때도 있음) 등으로 설정하여 관리한다.

이때, 각 관리 수준의 관리치에 맞추어 대책을 설정하는 것이 중요하다. 즉, 각 관리 수준에 도달했을 때 계측 빈도를 올릴 것인지, 시공을 계속하면서 어떠한 대책을 강구할 것인지, 또는 막장 굴착 작업을 중지할 것인지 등에 대한 판단을 신속하게 내릴 수 있도록 준비해야 한다.

이와 같이 계측 관리는 터널을 합리적으로 시공하고자 할 때 매우 중요한 요소가 되지만, 계측치라는 것은 어디까지나 국소적인 값이므로 터널 전체 또는 주변 지반 전체의 움직임을 한 가지의 계측치만으로 평가하는 것은 매우 위험하다. 따라서 각 계측 항목의 상관성을 고려하면서 전체의 움직임을 파악해야 한다.

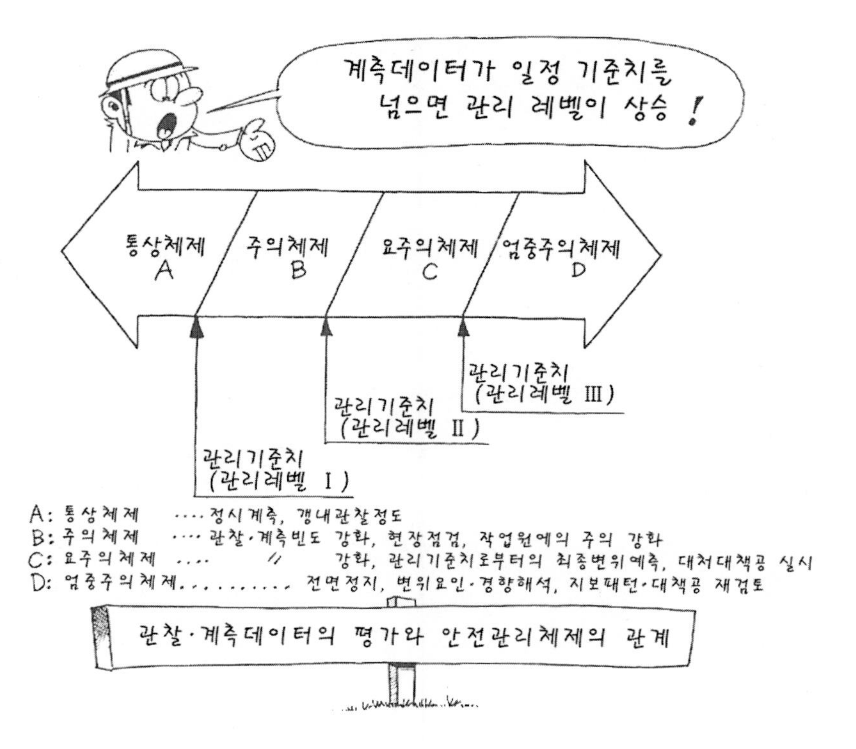

ECL 공법이란 무엇인가?

ECL(Extruded Concrete Lining) 공법은 쉴드 공법의 세그먼트 대신에 쉴드기 테일부에서 직접 콘크리트를 타설해 라이닝을 구축하는 터널 공법이다.

쉴드 공법에서는 굴착, 막장 안정유지, 방향 제어 등의 기술이 급진전하였는데, 유럽에서 개발된 ECL 공법은 1985년경에 일본에 소개되어 세그먼트를 대신하는 새로운 터널 기술로써 굴착에서 라이닝 타설까지 전체공정을 시스템화할 수 있어 많은 관심을 모았다.

유럽에서는 양호한 지반을 대상으로 무근콘크리트(일부는 강섬유 보강재가 들어감) 라이닝이 사용되었으나, 일본의 도시 터널에서는 연약지반에 대한 대응과 지진성능 문제 때문에 철근콘크리트 구조가 요구된다. 따라서 많은 기업이 철근콘크리트, 철골 철근콘크리트를 이용한 형태로써 ECL 공법과 관련된 기술을 개발하여 실용화하고 있다.

ECL 공법은 굴착에서 라이닝 타설까지 연속적으로 수행하는 공법이며, 설비로는 쉴드기, 거푸집 설비, 콘크리트 공급 설비 등으로 구성되어 있다. 일반적인 시공방법으로는 쉴드기로 굴착하고 쉴드테일부 부근에서 굴착과 병행하여 지반과 내부 거푸집과의 사이에 직접 콘크리트를 타설한 후, 프레스잭 또는 콘크리트 펌프 등으로 콘크리트를 가압한 상태에서 지반으로 밀어내어, 지반과 밀착된 라이닝을 구축한다.

ECL 공법의 장점으로는 다음과 같다.

① 세그먼트에 의한 1차 라이닝, 뒤채움 주입, 2차 라이닝 공정이 필요없어 시공의 합리화와 굴착 단면의 축소를 꾀할 수 있다.

② 아직 굳지 않은 콘크리트를 테일보이드에 충전시킬 수 있기 때문에 침하 등의 주변 지반에 미치는 영향을 억제할 수가 있다.

③ 세그먼트 이음새가 없기 때문에 지수성이 높다.

반면, 세그먼트공법에 비해 다음과 같은 단점이 있다.

① 쉴드기 후방에는 거푸집 설비와 콘크리트 공급 설비가 필요하고, 갱내의 공간 확보가 필요하다.

② 콘크리트의 공급 체제 확보와 품질관리가 중요하다.

③ 2차 라이닝을 생략할 경우, 굴곡이 지거나 지그재그로 형성된 선형을 조정할 수 없어 시공 정밀도를 높일 수가 없다.

유럽에서 개발된 무근콘크리트를 사용하는 ECL 공법은 일본에서도 산악 터널에 충분히 적용할 수 있으며, 적용 사례도 많다. 일본의 도시 터널을 대상으로 한 철근콘크리트를 사용하는 ECL 공법은 수많은 개발 기술이 발표되었는데, 시공에 사용된 예는 그렇게 많지 않은 실정이다. 이는 다음과 같은 시공면에서의 기술적 과제가 많기 때문이다.

① 쉴드기 테일부에서의 합리적 배근 방법 확립
② 콘크리트의 합리적 타설 방법 확립
③ 대수층에서의 지수성 확보
④ 콘크리트의 유동성, 조기 강도의 발현 등 콘크리트의 품질관리
⑤ 무근콘크리트인 경우의 균열 방지

향후, ECL 공법을 보급·발전시키기 위해서는 상기 문제점에 대한 연구·개발이 요구되는 동시에, 설계·시공·공정·공사비 등의 각종 지침사항을 정비하여 실용화될 수 있도록 해야 한다.

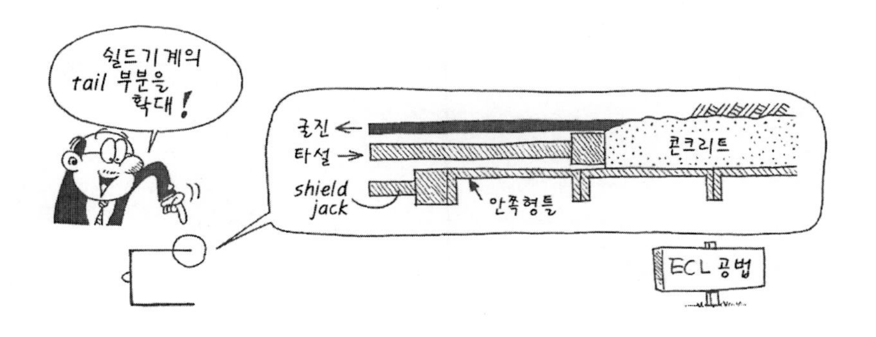

추진 공법이란 무엇인가?

추진 공법은 수직갱이라 불리는 지하공동 내부에 추진용의 반력벽(지압벽)을 설치하고 지압벽을 지지점으로 하여 매설관 구조물(철근콘크리트관, 상하수도관 등의 강관)을 추진잭으로 밀면서 굴착 및 부설하는 공법이다. 터널 쉴드 공법과 마찬가지로 관의 선단부에서 토사를 굴착하는 것으로, 매설관 내에서 굴착한 토사를 반출하면서 순차적으로 관을 연결하여 관로를 매설하는 것이다.

이 공법은 매설관의 추진방향과 토사의 굴착 방법에 따라 보통 추진 공법과 특수 추진 공법으로 나눈다. 전자는 추진관의 선단에 설치한 칼끝을 이용하여 추진관을 압입시켜, 인력으로 토사를 굴착 및 반출하면서 추진하는 방법이다. 칼끝의 형상을 바꿀 수 있기 때문에, 연약지반에서 경암지반까지의 광범위한 지반에 적용할 수 있다. 후자는 추진관 선단부에 선도 역할을 맡는 쉴드를 장착하여 발진용 수직갱에 설치한 추진잭을 밀어 가면서 토사를 굴착하는 공법(세미쉴드 공법)이다.

설비로는 매설관의 반입 및 추진잭을 배치하기 위한 수직갱(발진기지, 도달기지), 선단부로부터의 굴착토를 반출하기 위한 설비(벨트컨베이어 등) 등을 필요로 한다. 또한 발진기지(발진용 수직갱)에서는 관의 추진에 필요한 잭반력에 견딜 수 있는 견고한 지압벽(콘크리트 벽 등)이나 추진대가 필요하다.

이 공법에 이용되는 매설관은 일반적인 관보다 두꺼우며, 관의 바깥 둘레에는 주변 지반과의 마찰저항을 줄이기 위한 윤활유를 주입할 수 있도록 고안되어 있다. 매설관의 직경은 보통 추진 공법(인력 굴착)인 경우에는 사람이 들어갈 수 있는 크기인 600~3,000mm 정도이며, 특수 추진 공법인 경우에는 800~3,000mm 정도이다. 시공순서는 다음과 같다.

① 발진용 수직갱, 도달용 수직갱을 굴착한다.

② 추진잭 반력용의 지압벽, 잭추진대를 설치한다.

③ 토사를 굴착하면서 추진대에 올려둔 관(1블록)을 잭으로 추진한다(도달용 수직갱까지 반복).

관의 추진에 필요한 잭추진력 P는 추진 선단저항력(칼 끝부분이 추진할 때의 저항력), 관과 주변 지반과의 마찰저항력의 합력으로 구한다.

잭추진력 P = 추진선단저항력 + 관과 지반의 마찰저항력

마찰저항력은 주변 지반의 토질조건에 따라 달라지는 값이다(단단한 지반에서는 큰 값).

이 공법은 곡선부와 연장구간이 긴(관과 주변 지반의 마찰저항이 커짐) 경우 매설관에는 쓰이지 않는다.

박스형 터널 추진 공법이란 무엇인가?

최근에 철도 및 도로와 입체 교차하는 공사가 늘어나고 있다. 종래에는 철도나 도로 직하부에 지하구조물(도로, 지하도, 수로 등)을 구축하는 경우 기존 교통수단을 차단시키는 개착 공법이 많이 이용되어 왔다. 그러나 최근의 교통사정(교통량 증가와 민원발생 등)을 반영하여 철도 및 도로를 막지 않고 지하구조물을 구축하는 비개착 공법에 의한 공사가 늘어났다. 이 공법의 하나가 박스형 터널 추진 공법(비개착 공법)이며, 다음 사항을 중점으로 개발되었다.

① 철도의 궤도 및 도로면 아래의 지반이 침하되거나 옆으로 어긋나지 않을 것

② 철도 및 도로의 교통 제어(차단, 서행 등)가 적을 것

③ 지하구조물을 비교적 얕은 위치에 구축할 것

이 공법은 지반 침하 및 횡방향 변형 방지를 위해 박스형 루프(중공의 철제 박스형 지주)를 지하구조물의 형상에 맞추어 흙속에 먼저 추진해놓고, 1블록씩 박스형 콘크리트 블록(박스칼버트, 공장제작 또는 현장제작)을 박스형 루프에 부착된 추진 가이드용의 얇은 강판(슬라이딩 플레이트)을 따라 미끄러지면서 순차적으로 치환하는 공법이다. 단단한 지반 속에 박스형 루프를 용이하게 압입할 수 있도록 박스형 루프 내부에 오거라는 드릴을 삽입하는 경우도 있다.

시공은 다음 순서로 진행된다.

① 박스형 루프 및 박스칼버트 추진용의 발진기지(추진보, 추진용 잭대

차, 추진용 반력벽)를 설치한다. 반력벽으로는 H형 강관말뚝식, 벽체식, 성토식, 도달반력식 등이 있다.

② 박스형 루프 내에 미리 굴착용 드릴을 삽입하여 지하구조물의 크기에 맞게 수평방향으로 굴착하면서 밀어 넣는다. 박스형 루프 방식은 지하구조물의 단면형상, 지질조건, 발진기지의 크기, 주변상황 등에 따라 한일자(一)형, 문형, 상자형 등으로 나뉜다.

③ 반력체를 고정점으로 하여 내부를 굴착하면서 박스컬버트를 1블록씩 슬라이딩플레이트를 따라 추진잭으로 밀어 넣고, 각 블록을 PC 강재로 일체화하는 작업을 반복하여 순차적으로 도달기지까지 박스형 루프와 치환한다.

이 공법은 철도, 도로, 하천 등의 직하부에 지하구조물을 만드는 시공방법으로써, 약 30년의 시공실적이 있으며, 이미 설치된 구조물에 영향을 주지 않고 안전하게 시공되고 있다.

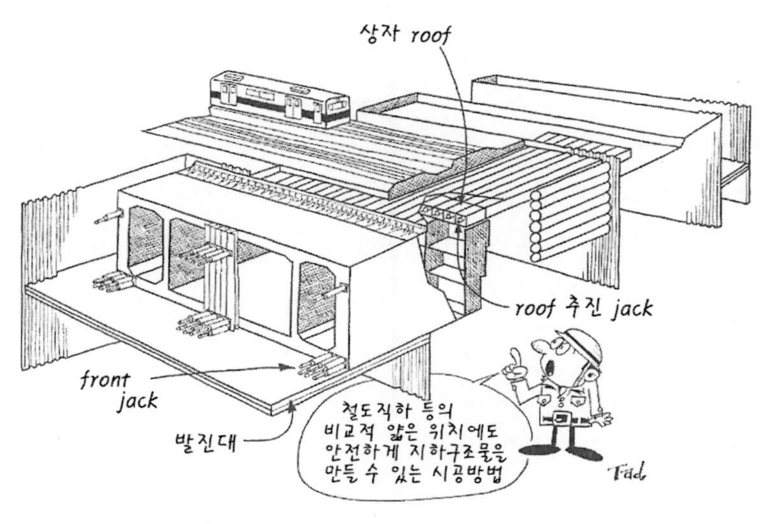

산악 터널 굴착 공법에는 어떤 것들이 있나?

터널의 굴착 공법은 지형, 지질, 환경, 단면, 연장, 구배, 공사기간, 공사비 등의 조건을 모두 검토하여 최적의 공법을 선택해야 한다. 그 이유는 공사 도중에 공법을 변경하면 막대한 손실이 따르기 때문이다. 그러나 당초에 예상할 수 없었던 심한 지질변화가 확인된 경우에는 도중에 공법을 변경할 수밖에 없는 경우도 있다.

그렇다면, 터널 굴착 공법이란 무엇을 말하는 것일까? 가장 경제적이며 안전한 지보구조로 1회 굴진으로 몇 m를 확보할 수 있는지가 포인트가 되는데, 당연히 1회 굴진 길이가 길수록, 1회 굴착 단면적이 클수록 유리하다. 그러나 지반조건이 나쁘거나 단면이 너무 큰 경우에는 터널을 안정한 상태에서 굴착하기 위해 단면을 분할하여 시공하지 않으면 안 된다. 이 단면분할에 의한 굴착 공법을 크게 나누면 전단면 굴착 공법, 벤치컷 공법, 선진도갱 공법으로 나눌 수 있다.

전단면 굴착 공법을 이용할 때는 터널의 단면이 작거나 지반조건이 좋은 경우이다. 이 공법과 유사한 방법에는 보조 벤치가 달린 전단면 굴착 공법이 있다. 이것은 급속시공이 가능한 전단면 굴착의 특징과 지반조건이 나쁜 경우에 이용되는 숏벤치 굴착 공법의 특징을 혼합한 공법으로써, 대형기계를 사용하여 악조건의 지반에서는 보조 공법 등을 추가하여 극복하는 것이다.

벤치컷 공법이란 일반적으로 상부 반단면과 하부 반단면을 나누어 굴착하는 방법인데, 3단 이상으로 나누는 다단 벤치컷 공법도 있다. 벤치 길이에 따라 롱벤치컷 공법과 숏벤치컷 공법으로 나뉜다. 전단면에서는 막장이 자립하지 못하지만 단면 폐합의 시간적인 제약이 없는 경우에는 롱벤치컷 공법이 이용된다. 숏벤치컷 공법은 일본에서는 가장 적용 예가 많고 비교적 광범위한 지반조건에서 적용되며, 특히 지반조건이 변화될 때 유용한 공법이다. 그리고 이 공법으로 팽창성 지반이나 토사지반 등이 조기에 인버트를 폐합할 필요가 있을 때는 어떻게 이 벤치 길이를 짧게 하는지가 핵심이며, 궁극적으로는 보조 벤치가 달린 전단면 굴착 공법이 된다.

선진도갱 공법이란 지내력이 없는 경우나 팽창성 지반인 경우, 용수가 많은 경우 등의 지반이 불량한 경우에 적용되는 공법으로써, 작은 도갱을 먼저 파고 다시 거기서 서서히 넓혀가는 방법이다. 이 공법에는 측벽선진도갱, 저설선진도갱, 정설선진도갱, 중앙선진도갱 등 도갱의 위치에 따라 그 이름이 붙어 각각의 목적에 따라 사용된다. 그 밖에 중벽분할 공법이라는 굴착 방법도 있다. 이 방법은 주로 편평한 대단면 터널인 경우에 터널을 중간벽에서 좌우로 나누어 굴착하는 공법이다. 이러한 굴착 공법의 선정 시 여러 가지 검토가 필요하며 이 공법의 결정이 터널 시공계획의 기본이 된다.

터널 발파 굴착이란 무엇인가?

터널의 굴착 방식은 크게 발파에 의한 방식, 기계에 의한 방식, 인력에 의한 방식의 세 가지로 분류한다. 발파 굴착은 주로 경암에서 중경암의 지반에 적용되며, 기계 굴착은 주로 중경암에서 연암 지반에 적용된다. 인력에 의한 굴착은 주로 토사지반 등에서 막장의 자립성이 나빠 굴착 단면적을 작게 하여 분할 굴착을 하지 않으면 안 될 때나 기계를 갖고 들어가기가 곤란할 때 적용된다.

기계 굴착 방식은 발파 굴착에 비해 작업 안전성이 높고 굴착 주변 지반에 미치는 영향이 작은 것 등 장점이 많아 앞으로 활용성이 더 많아질 전망이다. 현재, 상당히 단단한 암반이라도 굴착 가능한 기계가 나와 있다. TBM(터널 보링 머신)에 대해서는 132~133쪽에 설명되어 있으며, 기타 로드헤더나 붐커터 등으로 불리는 자유 단면 굴착기(어떠한 터널 단면이라도 굴착 가능하다. TBM은 현재 시점에서는 아직 원형으로만 굴착할 수 있음)에는 일축 압축 강도가 100MPa 정도의 단단한 암반을 절삭할 수 있는 것이 나와 있다. 그러나 100MPa의 단단한 암반을 기계로 굴착하는 경우와 발파로 굴착하는 경우를 비교해보면, 역시 발파 쪽이 쉽고 빨리 굴착할 수 있는 것이 현재의 기술 수준이다. 따라서 아무래도 단단한 암반을 굴착할 때에는 발파를 쓰게 된다.

이 발파 굴착은 착암기로 암반을 착공하여 그 구멍에 폭약을 장약해서 폭파시켜 파쇄하는 방법으로서, 지반의 종류와 단단함, 터널 단면 등의 조건에 따라 발파 패턴과 착암기, 폭약 종류 등을 달리하여 발파 작업을 실시한다. 터널에서 사용되는 폭약으로는 일반적으로 다이너마이트, 함수

폭약, 안포 폭약 등이 있으며, 선정 시 폭발 효과, 폭발 후 가스, 내수성, 안전성 등을 충분히 검토하여 결정하여야 한다. 폭약, 폭약을 터지는 뇌관 등 폭발류를 취급할 때에는 화약류 관리법을 준수하여야 하며 유자격자가 관리하면서 작업하여야 한다. 절대로 자격이 없는 사람이 취급해서는 안 되며, 감독관청에 인허가신청, 신고, 보고 등 여러 가지 의무사항이 규정되어 있다. 따라서 화약을 사용하는 공사기간 중에는 관리자가 편히 잠을 잘 수 없는 점이 단점이라 할 수 있다. 향후 보다 안전하고 효율적인 화약류가 개발되어야 한다.

터널 시공 시 환기를 어떻게 하나?

재래식 터널 공법에서는 레일 방식에 의해 굴착하였는데, 최근에는 NATM(51쪽 참조)이 주류를 이루고 있으며, 숏크리트에 의한 분진이나 대형 중기에 의한 배출가스 등 인체에 유해한 물질이 터널 갱내로 발산되는 일이 많아졌다. 그 밖에 유해가스나 가연성 가스 등이 터널 시공 중에 용출되는 경우도 있다. 이를 방지하기 위한 대책이 개발 중에 있는데, 현재의 기술로 가장 확실하고 중요한 대책은 충분히 환기를 시키는 것이다.

터널 공사 중에 그 영향을 염두에 두어야 하는 유해가스를 열거하면, 일산화탄소, 일산화질소, 이산화질소, 황화수소, 아황산가스, 염화수소, 탄산가스, 산소결핍공기, 과잉산소공기, 포름알데히드, 메탄, 아세틸렌, 프로판 등이다. 그럼, 실제의 터널 공사 중의 환기방법은 어떻게 정하는 것일까? 먼저 필요한 환기량을 계산하여야 한다. ① 작업원의 호흡에 필요한 환기량, ② 발파 후 가스를 위한 환기량, ③ 디젤 기관의 배기가스를 위한 환기량, ④ 숏크리트 등의 분진을 위한 환기량, ⑤ 가연성 가스 등 자연발생가스를 위한 환기량, ⑥ 산소결핍을 위한 환기량 등을 각각 계산하여 허용농도로 억제하기 위한 최적의 환기량을 구한다.

다음은 환기방법인데, 강제 환기라고 해서 갱 밖에서 신선한 공기를 강제적으로 조절 팬 등의 힘으로 갱 안으로 보내거나 반대로 오염된 공기를 강제적으로 갱 안에서 갱 밖으로 배출한다. 이 방법에는 갱도 환기와 풍관(風管) 환기가 있는데, 풍관 환기 방식에는 송기식, 배기식, 송배기 겸용식, 송배기 조합식 등이 있다. 일반적으로는 터널 단면이나 연장 등에 의해 환기 방식을 선택하나, 최근 1,000m가 넘는 터널에서는 주로 송기식 +

대형집진기 방식과 송배기 겸용식이 사용된다.

예전에 터널 갱내에서 작업원으로 일했던 사람, 또는 현재도 그런 사람들의 진폐증 문제가 사회문제로 대두되어, 많은 건설회사가 법정공방을 벌이고 있다. 지금까지 소중한 경험을 살려 어떻게든 진폐증에 걸리지 않는 작업환경을 만들어야 할 것이며, 발주자, 시공자, 작업자가 일체가 되어 노력할 필요가 있다. 최근 환기기술로는 대형 집진기의 개발과 배기가스 중의 유해가스 제거 장치의 개발 등이 있다.

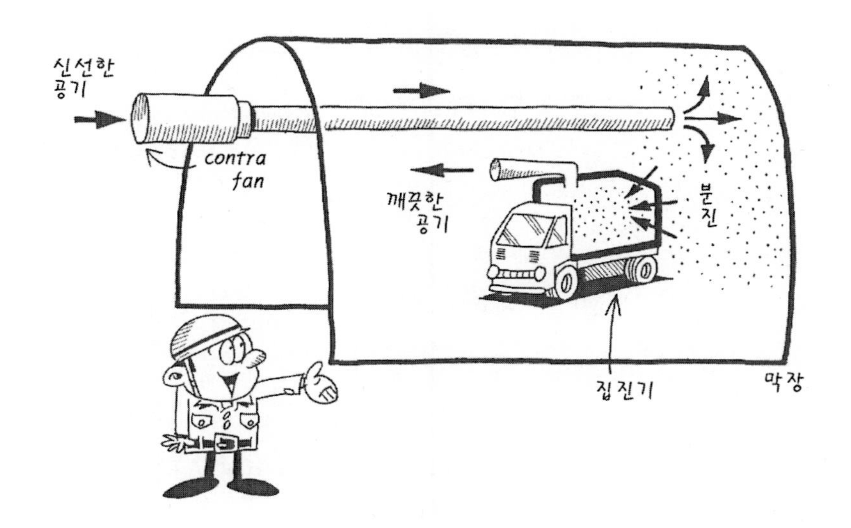

용수가 많은 지반에서 터널을 굴착하려면?

지질이 복잡하게 뒤섞여 있는 지반에서 터널을 팔 때 사전에 용수량과 지하수의 양을 추정한다는 것은 쉬운 일이 아니다.

사전 지질조사로 어느 정도는 알아낼 수 있지만 터널 굴착에 의해 지반에 주는 영향이 어느 만큼인지를 판단하기는 쉽지 않다. 터널이 짧은 경우나 토피가 얇은 경우에 상당한 시간과 경비를 투자하여 조사한 경우를 제외하고는 대부분의 터널에서는 굴착하면서 항상 물에 신경을 써가며 긴장을 유지하면서 굴착한다고 해도 과언이 아니다.

터널 굴착 시 용수가 많으면 무엇이 안 좋은 것일까? 우선 지반이 열화되어 막장이 자립하지 못할 가능성이 있다. 즉, 터널이 붕괴될 위험성이 있다는 것이다. 노반이 질퍽거려 작업을 효율적으로 수행할 수 없고 숏크리트나 록볼트 같은 터널을 안정시키기 위해 필요한 지보재가 그 기능을 상실할 우려도 있다. 그뿐만 아니라 터널 바닥부가 열화되어 터널 전체가 침하될 우려도 있다. 굴착이 되었다고 해도 라이닝 콘크리트에 지압이나 수압이 작용하여 붕괴될 우려가 있다. 이상과 같이 용수가 발생하는 경우에는 여러 가지 심각한 사태가 발행할 수 있다.

용수가 많은 지반에서 터널을 굴착하려면 어떻게 해야 할까? 그 대책은 크게 두 가지로 나뉘는데, 하나는 지수를 목적으로 하는 대책이며 또 하나는 배수를 목적으로 하는 대책이다. 전자의 대표적인 공법으로는 약액 주입에 의한 주입 공법과 압기 공법, 동결 공법 등이 있다. 그러나 이들은 설비 규모가 너무 커 산악 터널에서는 그다지 쓰이지 않는다. 가끔은 소규모 주입을 위해 부분적인 지수 공법을 실시하기도 하지만 대부분은 배수 공법을 실시할 때가 많다. 배수 공법으로는 지반이 튼튼하고 단단한 암반이며 용수구간이 길 것으로 예상되는 경우에는 물 빼기용 도갱이나 우회갱, 횡갱 등을 설치할 때가 있다.

사질지반이나 사력지반 등 흔히 토사지반에서는 약간의 용수로도 막장이 붕괴될 위험성이 있으므로 터널 바깥 측에서 디프웰(깊은 우물을 굴착한 후 수중 펌프를 넣어 지하수를 끌어올리는 방법)이나 웰포인트(디프웰보다 얕은 우물을 파서 강제 배수시키는 방법)를 설치하여 미리 지하수위를 낮춘 후 터널을 굴착하는 방법이 일반적이다. 터널의 갱 바깥에서 시공을 할 수 없는 경우에는 갱내에서 하는 웰포인트나 공기압을 이용한 물 빼기 보링도 실시한다.

이 중 어느 방법을 쓰는 것이 최선인지는 용수량, 입지조건, 지형, 지질, 굴착 시 변위 등을 종합적으로 판단하여 결정하는데, 아무튼 터널은 물과의 싸움이라 해도 과언이 아니다.

터널에서 사용되는 숏크리트란 어떤 것인가?

숏크리트란 원래 콘크리트를 에어(압축 공기)로 방출하는 방법으로 시공된 것이다. 현재도 에어로 콘크리트를 분사하는 방법이 주류를 이루는데, 분사작업 시 분진이 많고 품질에 차이가 많으며, 분사 시 튕겨서(리바운드) 떨어지기도 하는 등 여러 가지 품질면과 시공면에서의 개선이 이루어지고 있다. 현재는 고품질 콘크리트, 고강도 콘크리트 등의 재료, 배합면에서의 개량, 에어로 뿜는 방법뿐만 아니라 로터리 분사, 벨트 분사, NTL이라는 새로운 방법 등이 실시되고 있다.

이 숏크리트는 NATM 이론을 성립시키기 위한 가장 중요한 지보부재이다. 터널을 굴착하여 지반이 나타나면 곧바로 숏크리트를 지반과 잘 밀착되도록 분사한다. 이렇게 터널 벽면을 콘크리트로 덮으면 다음과 같은 효과를 발휘한다. 즉, ① 암반과의 부착력과 전단저항에 의한 지보효과, ② 내압효과와 링폐합 효과, ③ 외력 분배효과, ④ 연약층 보강효과, ⑤ 피막효과 등이 있다. 이 효과들이 서로 종합적으로 발휘되어 터널을 안정적으로 지보한다. 좀 더 알기 쉽게 설명하자면, 경암・중경암의 단단한 암반이라도 층리나 절리 등의 불연속면이 있는데, 그것이 터널의 거동을 지배할 경우 숏크리트는 국부적으로 암괴가 떨어지는 것을 방지하거나 표면의 박락방지, 연약층의 보강 등을 목적으로 시공한다. 상기의 효과로 구분하면 ①, ④, ⑤번에 해당된다. 그리고 절리와 같은 불연속면의 간격이 작은 연암이나 토사지반 같은 곳에서 터널을 굴착할 경우에는 상기의 효과 ②, ③번을 기대할 수 있다.

다음은 숏크리트 재료인데, 터널을 굴착한 후 곧바로 굳기 시작하여 높은 강도를 발현하고 또 지반을 지보해야만 한다. 그렇기 때문에 보통의 콘크리트와 크게 다른 점은 조골재의 크기가 작은 점과 급결제를 첨가한다는 점이다. 그리고 그 배합을 정할 때 검토해야 할 항목으로는 ① 소요강도, ② 수밀성, ③ 내구성, ④ 분진억제, ⑤ 부착성, ⑥ 시공성 등을 들 수 있다. 이들을 만족할 수 있는 표준적인 사양으로는 설계 기준 강도 18N/mm^2, 단위 시멘트양 360kg/m^3, w/c 50~65% 정도로 되어 있다. 앞으로는 터널의 대단면화와 불량지반 등에 대응하기 위해 고품질화 및 고강도화가 요구된다. 비용절감을 위한 싱글쉘화(2차 라이닝의 생략, 숏크리트 마감)가 진행되는 등 점점 숏크리트의 수요는 증가하고 있지만, 한편으로는 진폐 문제로 대표되는 분진 문제를 신속히 해결해야 한다.

터널에서 사용되는 록볼트란 무엇인가?

록볼트(158쪽)는 NATM 이론을 성립시키는 지보부재로써, 숏크리트와 함께 중심적인 역할을 담당하는 것이다. 록볼트 자체는 NATM이 도입되기 전 재래식 터널 공법이 주류를 이루었던 시대부터 경암지반을 대상으로 불연속면으로 인해 암괴가 떨어지는 것을 막기 위해서나 록볼트를 앵커로 하여 쇠그물망을 쳐서 암반 표면의 박락방지를 위해 사용되었다. 이때 록볼트 정착방법으로는 대부분이 쐐기형태로써 볼트의 선단부를 암반에 고정시키는 것이었다. 이후 NATM의 도입과 함께 전면 접착형의 록볼트가 사용되기 시작하여 현재 주류를 이루고 있다.

전면 접착형은 예를 들면 3m의 록볼트를 설치할 경우에, 착암기로 3m를 천공한 후 록볼트를 홀에 삽입하고 그 후에 모르타르 등의 충전재를 3m분 주입하는 경우와 천공한 후 모르타르를 먼저 주입하고 볼트를 밀어넣는 두 가지 경우가 있으며, 주입 재료와 함께 지반조건에 따라 달리 사용된다. 록볼트를 정착하는 방법에 따라 구분하면 선단고정형, 전면접착형, 조합형으로 나누어지며, 쐐기식, 팽창식, 마찰식에 의한 고정, 모르타르나 레진 등의 정착재에 의한 고정으로 나뉜다. 착암기로 천공할 수 없는 연약지반, 즉 천공을 하더라도 홀이 자립할 수 없어 록볼트를 홀 내부에 삽입할 수 없는 경우에는 천공하는 방법을 개량하거나 록볼트에 자천공 타입을 사용하여 대응하고 있다. 천공하는 방법을 개량한 것으로는 스파이럴오거(회전압입하여 홀을 설치하는 나선형상의 오거)로 천공하는 것과 천공수 대신에 기포를 이용하여 공벽을 유지하는 방법 등이 대표적이다. 자천공 볼트란 이름 그대로, 나중에 주입이 가능하도록 중공의 록볼트 자체를 지반에 착암기 등으로 박아 설치하는 것으로, 당연히 록볼트의 선단에 비트가 설치되어 있기 때문에 일반 볼트보다 비용이 더 발생한다.

록볼트의 작용 효과에는 처음에 설명한 ① 봉합효과, ② 보형성 효과, ③ 내압효과, ④ 아치형성효과, ⑤ 지반개량효과 등이 있다. ①과 ②는 비교적 쉽게 이해할 수 있으나, 암반이 아닌 토사지반과 같은 곳에서도 ③, ④, ⑤와 같은 효과가 있을지 궁금할 것이다.

이에 대한 구체적인 사례로서, 해변의 푸석푸석한 사질지반에서 신칸센 단면의 터널을 굴착한 경우가 있는데, 이때 계측 결과를 통하여 이와 같은 효과가 증명된 적이 있다. 두부를 손바닥 위에 올려놓고 흔들면 금방 흐물흐물하지만, 두부 위나 옆에 이쑤시개를 찌르면 흐트러지지 않는다. 록볼트에는 이러한 효과가 있다.

터널 굴착 시 애를 먹는 단층파쇄대란 어떤 것인가?

터널표준시방서 「산악 공법편」(일본토목학회)을 보면, '지반조건의 조사는 터널 주변 및 공사에 영향이 미칠 가능성이 있는 범위에 대하여 실시하며 지형, 지질, 수문 등 유의해야 할 지반조건을 적절한 정밀도로 파악하여야 한다'고 기술되어 있다. 그리고 '유의해야 할 지반이나 입지조건에는 여러 가지가 있다'고 하였으며, 그 내용 중에 '단층파쇄대, 습곡대'는 문제가 되는 지반조건의 하나라고 기술되어 있다.

그러면 단층파쇄대란 어떤 것을 말하는 것일까? 지반 내부(지각)는 동일한 것이 아니라 많은 균열을 내포하고 있음을 쉽게 상상할 수 있다. 그 균열 중에서 큰 것은 파괴면인데, 이를 따라 양측의 암반이 상대적으로 이동되어 벌어진 것을 단층이라고 한다. 상대이동이 없는 것은 절리라고 하는데, 실제 지반의 복잡 다양성으로 인해, 이 둘의 구분이 명확하지 않는 것이 현실이다.

지각 내의 상기와 같은 파괴현상은 왜 일어나는 것일까? 『알기 쉬운 암석과 암반 지식』(三木幸藏 저) 이라는 책을 보면 '지각 내의 파괴는 전단파괴가 대부분인데, 마그마의 냉각과정이나 퇴적물의 탈수과정에서 인장파괴가 발생한다고 한다. 화성암의 절리에는 인장파괴에 의한 것이 많다고 한다'고 기술되어 있다. 이렇게 해서 발생하는 단층파쇄대의 규모는 작은 것부터 큰 것까지 여러 가지가 있다. 그리고 암종에 따라서도 그 형태가 다르다.

주로 주향단층이나 정단층에서는 파쇄대의 규모가 작은데 비해, 스러스트(충상단층)에서는 커지는 것 같다. 스러스트는 상반이 하반 위로 밀려

45° 이하의 경사로 이동한 단층으로, 옆에서부터의 압력에 의해 습곡과 함께 발달한 일종의 역단층을 말한다.

단층파쇄대에 터널을 굴착하면 무슨 문제가 발생하는 것일까? 파괴면이 상대 이동했을 때, 즉 파괴면이 생겼을 때에는 그 면을 따라 암석의 강도가 현저히 낮아진다. 이로 인해 점점 그 부분에 응력이 집중되어 주위의 암반을 파괴하여 점토 형태가 되거나 각력암(角礫岩) 형태가 되어 그 연약층이 일정한 폭을 가지는 하나의 새로운 영역이 된다. 그리고 그 부분에서는 지반의 강도가 낮아 불안정할 뿐만 아니라, 지하수의 유로가 되는 경우가 많다. 즉, 지반의 강도, 지반의 변형성, 투수성, 용수량 등이 문제가 되며, 지하 깊은 곳까지 뻗어있는 단층파쇄대인 경우에는 열에 의해 변질작용을 받아 초연약 또는 팽창성의 광물과 암석을 생성하고 있는 경우가 있으므로 주의해야 한다.

터널 굴착 시 록버스트(rock burst)란 무엇인가?

이완지압이란 터널 시공 중 이완된 지반의 덩어리가 중력 작용으로 터널 내공 쪽으로 떨어지려는 압력을 말하며, 천단에서는 특히 크고 측벽에서는 약하게 나타나며 바닥에서는 생기지 않다. 이완지압 외에 팽창성 지압이나 진(眞)지압이라는 것이 있는데, 이들이 터널에 작용하는 지압으로 인식되어 있다. 그리고 NATM에서는 이 지압을 1차지보로 지지한다. 원래 있었던 지반 내 응력상태(초기응력)는 터널을 파나가면서 변화되는 것인데, 지반 굴착 전의 응력상태를 재현하는 것이 NATM 지보라 할 수 있다.

그런데 진(眞)지압이란 이완지압과는 달리, 중력이 큰 요인이긴 하지만 직접적인 것은 아니며, 중력에 의해 발생하는 2차 응력 상태에 의해 발생하는 것이다. 이 진(眞)지압의 가장 우려되는 현상이 록버스트라 불리는 현상이다. 이 록버스트 외에 진(眞)지압의 현상으로는 암석의 박리나 소성변형 등이 있다.

록버스트에 대해서 설명하면 다음과 같다. 일본에서는 시미즈 터널이나 간에츠 터널 공사 중에 록버스트가 발생했다는 보고가 있으며, 유럽 알프스의 터널 공사 중에도 많이 보고되었다. 타우에른, 카라완켄, 보하이너 터널이나 심프론 터널 공사 등에서 일어난 것이 유명하다. 큰 것은 $2m^3$ 정도의 암괴가 갑자기 굉음과 함께 튕겨나간 것도 있다. 이러한 박리현상은 대개 측벽부에서 일어나며 천단은 비교적 적고 저반에서는 거의 일어나지 않는다. 그리고 모두 토피가 상당히 커서 초기응력이 높은 곳에 터널을 굴착하는 경우가 많으며, 터널 주변 지반은 경암이고 균열이나 단층을 따라 암괴의 운동이 연속되어 있는 곳에서 발생하는 사례가 많다. 록버스트는 터널 주변 지반의 압축 강도가 아주 높은 곳에서 굴착으로 인해 응력해방이 발생하고 그 압축 응력이 일부에만 과도에게 집중되었을 경우에 일어나는 지질 구조 응력에 의한 현상이라 할 수 있다.

암석이 튕겨나가는 곳에서 터널을 굴착하는 경우에도 역시 가장 신뢰할 수 있는 것이 숏크리트와 록볼트이다. 굴착이 끝난 곳에서 이들 지보를 이용하여 표면을 덮고 박락이나 튕겨나가는 것을 방지한다. 그러나 지보를 할 수 없는 막장을 굴착할 때에는 어떻게 해야 할까? 발파를 위한 구멍을 착공하고 있을 때 암석이 막장에서 튕기면 큰일이다. 그때는 막장면에 철망을 치기도 하고 착암기 쪽에서 몸을 보호하기도 하지만 역시 막장면에 숏크리트나 록볼트를 임시로 시공하는 것이 효과적이다.

터널 굴착 시 애를 먹는 팽창성 지반은 어떤 것인가?

터널을 굴착하면 주변 지반과 함께 갱벽이 서서히 내공 쪽으로 밀려들 때가 있다. 이런 현상이 심한 경우에는 터널의 단면이 축소되어 공사에 지장을 초래하기도 한다. 그 변위는 천단이나 측벽뿐만 아니라, 저반이나 막장면에서도 생긴다. 이와 같은 변형이 동반되는 현상이 발생하는 지반을 팽창성 지반이라고 한다. 이 변형과 함께 발생하는 팽창성 지압은 이완토압보다 훨씬 큰 경우가 많아, 지보공이나 라이닝이 붕괴된 예도 있어 공사 중뿐만 아니라 완성 후에도 그와 같은 현상이 일어난 적도 있다.

팽창성 지반은 다음과 같은 곳에서 확인된다.

① 신생대 제3기 지층의 이암이나 응회암 : 흔히 그린터프라 불리는 지역에 속하는 신생대 제3기 이암이나 응회암 지층에는 팽창성이 있다.

② 사문암, 편암, 천매암, 활석 : 특히 사문암 중에서 엽편상, 점토상에서 팽창성이 크다고 알려져 있다.

③ 온천여토 : 화산성이나 열수에 의해 변질작용을 받아 팽창성 점토광물(몬모릴로나이트 등)을 많이 함유한 암석으로, 공기에 접촉되면 팽창성을 나타낸다.

④ 단층점토 : 단층파쇄대에 들어가 있는 변질점토는 장기간에 걸쳐 밀어내는 것들이 있다.

팽창압력을 받는 곳에서 터널을 굴착하면 H200 정도의 강제지보공이 맥없이 휘어지거나 두께 25cm나 되는 숏크리트에 균열이 생기기도 하고, 록볼트 고정판이 휘어지기도 하며, 심할 때는 터널 단면이 절반이 되기도 한다. 이와 같은 팽창압력이 작용하는 곳에서 터널을 굴착하여 최종적인 구조물을 안전하게 지탱하려면 어떻게 해야 할까? 먼저 터널 단면 형상을 가능한 한 원형으로 해야 한다. 그리고 전 둘레를 폐합하는 것이다. 하지만 경제성 측면에서 완전하게 원형으로 하기 어려운 경우가 있는데, 이러한 경우에도 가능한 한 인버트(터널 바닥면의 역아치 형상으로 시공된 콘크리트 라이닝)를 포함하여 원에 가깝게 시공할 필요가 있다. 다음으로 가능한 한 전단면 굴착을 실시하는 것이 전체의 변위를 작게 하는 방법이지만, 이것도 시공기계의 크기나 1회 시공량의 문제로 상당히 어려울 때가 있다. 실제 사례로 이탈리아의 고속철도 시공 시 팽창성 지반에서 전단면 굴착을 실시하며 인버트 콘크리트를 막장에서 폐합시킨 경우가 있다. 막장면에는 많은 보강 볼트를 설치하였으며, 천단에는 강관 보강공법이 적용되었다. 실로 막대한 공사비를 들여 막장을 보강한 사례이다.

따라서 적절한 변형 여유량을 갖는 것과 강성이 높은 지보공을 사용하거나, 휨 강성이 높은 숏크리트를 사용하는 것 등이 팽창성 지반에서 터널을 굴착할 때의 키포인트라 할 수 있다.

2개의 터널을 근접 굴착할 때의 유의사항은?

최근 도시근교에서는 용지문제로 인해 터널 건설 위치 선택의 여지가 좁아져 상・하행선의 2개 터널을 근접해서 뚫는 사례가 늘고 있다. 그리고 NATM의 기술적인 진보와 보조 공법의 발전에 의해 상당히 연약한 지반조건하에서도 산악 터널 공법에 의해 터널을 건설할 수 있게 되었다. 향후에도 늘어갈 것으로 예상되는 근접 터널의 설계와 시공상의 유의사항에 대하여 살펴보도록 하자.

2개의 터널이 일정 간격으로 병행해서 건설되는 것을 병렬 터널 또는 초근접 터널이라 한다. 그리고 2개의 터널이 서로 붙어있는 것을 2-아치 터널(또는 더블 아치 터널)이라고 한다. 이들 중 2-아치 터널은 2개의 터널이 같은 시기에 동시에 시공되는 사례도 있다. 병렬 터널의 경우에는 2개의 터널이 같은 시기에 시공되는 경우도 있지만 1기선 및 2기선으로 그 시기를 나누어 시공하는 경우도 있다.

이들 근접 터널은 1개의 터널만을 시공하는 경우와 달리 서로 다른 터널에 의한 영향을 받는다는 특징이 있다. 특히 지반조건이 나쁜 경우에 근접해서 터널을 굴착하면 주변 지반의 이완범위가 커지거나 각각의 터널에 큰 하중이 작용한다. 이 영향 범위에 대한 일본(재)철도종합기술연구소의 자료에 따르면, 터널 직경을 D라고 할 때 각 터널의 떨어진 간격이 0.5D 이하인 경우에는 터널 구조에 중대한 영향을 줄 수 있으며, 1.5D 미만인 경우에도 별도의 대책이 필요하다고 제시하고 있다. 터널표준시방서에 의하면 '상호 영향을 주지 않는 이격 거리는 지질조건에 따라 변화하며, 터널 중심 간격을 굴착직경의 2~5배로 하면 거의 상호간에 영향을 주지 않는다'고 기술되어 있다. 터널의 단면형상이나 지반조건, 시공법이나 시기 등에 따라 그 영향범위나 크기는 다르지만 일본도로공단에서는 단선 2차선 병렬 터널의 경우 중심 간격을 30m 정도로 하고 있는 예가 많다.

그러면 2-아치 터널이나 초근접 터널을 굴착할 경우에 어떻게 설계해 가면 좋을지 생각해보자. 가장 중요한 요소는 양 터널 간의 지반을 어떻게 평가하는가이다. 먼저, 지질보링 조사 등으로 얻은 자료로부터 필요한 물성치를 이용하여 FEM 해석을 실시한 후, 터널 지보와 라이닝 구조를 결정한다. 다음으로는 구조 조건으로 양 터널 간의 이완하중을 작용시켜 터널의 안전성을 평가한다. 이때 안전성에 문제가 있는 것으로 나타나면 이에 대한 대책을 수립하여야 한다. 대책 공법으로서 두 터널의 센터 필러부의 지반개량을 위한 약액 주입, 록볼트 외에 PC 앵커에 의해 양 터널을 서로 연결시킨 사례도 있다. 그리고 2차 콘크리트 라이닝 자체에 대한 보강도 염두에 둘 필요가 있다.

터널에서 사용하는 강관 보강 공법이란 무엇인가?

터널을 지반 속에 굴착하면 주변 지반에 변형이 발생한다. 특히 토피가 얇고 주변 지반의 강도가 약한 경우나 지하수를 많이 포함하는 경우에는 터널 상부의 지반이 이완되어 터널 주변 지반이 붕괴되기 쉽다. 그리고 그 영향이 지표면에까지 미쳤을 때에는 경우에 따라서는 지표면의 함몰이나 지상 구조물이 무너질 수도 있다. 토피가 큰 깊은 산속의 터널에서도 파쇄대 등이 있어 주변 지반의 강도가 약한 경우에는 상부의 지반이나 막장이 붕괴될 위험도 있다.

터널 굴착에 따른 사고를 방지하기 위하여 고안한 것이 바로 강관 보강 공법이다. 강관 보강 공법에는 파이프루프 공법, 수평 제트 그라우팅 공법, 강관 다단 공법 등이 있다. 그러므로 시공조건이나 설계조건에 따라 최적의 공법을 선택할 필요가 있다. 이 중 가장 실적이 좋은 강관 다단 공법 하나인 AGF 공법에 대해서 간단히 설명하기로 한다.

AGF 공법은 터널을 굴착하기에 앞서 굴착 단면의 외부 둘레를 따라, 터널 원주방향에 대해 일정 간격으로 ∅100mm 정도의 강관을 박아, 강관 속과 주변 지반을 시멘트 밀크나 실리카레진 등을 주입하여 지반개량을 실시하는 것이다. 통상적으로 강관의 길이 12.5m에 대하여 9m를 굴착하고, 다시 강관을 12.5m 설치한 후에 9m를 굴착하고 있다. 이때의 타설 범위와 강관 피치 등은 표준적으로는 120도, 45cm이지만, 지반조건에 따라 해석적 검토를 수행한 후 설계하고 있다.

그 적용 예를 소개하면, 성토구조인 국도 4호선의 직하부 4m를 동북신칸센 터널이 횡단하는 공사가 있었다. 입지조건이나 지질조건 등 여러 가지 검토를 거듭한 끝에 착공 방법, 주입 방법, 주입제 등을 선정하여 AGF-OFP 공법이 적용되었다. 이때 터널 굴착에 의한 지표면에 대한 영향으로는 침하량이 수 cm 정도였으며 무사히 공사가 완료되었다. 이러한 경우 지반조건에 맞지 않는 강관 보강 공법을 선택하면 터널의 안정성뿐만 아니라, 국도를 통행하는 차량에 대한 안전도 확보할 수가 없다. 최적의 강관 보강 공법을 선정할 때에는 과거의 실적이나 그 지점의 조건 등을 충분히 검토, 분석할 필요가 있다.

터널의 TWS 공법이란 무엇인가?

현재, 신칸센이나 고속도로에서 터널이 차지하는 비율이 매우 높아지고 있다. 각종 기술혁신으로 터널 시공속도를 높여 전체 공사기간을 단축시키면 전체 공사비를 절감할 수 있다. 실용화된 기술 중 하나가 TWS 공법이다. TWS, 즉 터널 워크스테이션은 다기능형 전단면 굴착기라고도 한다.

이는 터널 굴착 공사에 필요한 기계나 설비, 즉 굴착기, 착암기, 분사기, 분사 로봇, 지보공 이렉터, 비계, 집진기 등을 효과적으로 구성하여 1곳에 집적한 설비를 말한다. 통상적으로 이 기계들은 1대의 강제대차에 실린 형태를 하고 있으며, 이 대차의 기준점에 좌표치를 주어 막장 후방의 절대좌표와의 관계를 측량함으로써 자동적으로 위치를 결정할 수 있다. 따라서 자동적으로 굴착기의 굴착범위를 정할 수 있기 때문에 여굴이 없는 효율 높은 시공을 할 수 있다.

TWS는 어떤 의도로 개발되었을까? 통상적인 NATM에 의한 터널 굴착은 천공, 장약, 발파 또는 기계 굴착, 버력처리, 숏크리트, 강제지보공 타설, 2차숏크리트, 록볼트 타설 등 일련의 작업으로 구성되어 있다. 이 작업들을 반복할 때는 각각 단독 기계를 이용하기 때문에 각 작업마다 기계를 교체해야 한다. 터널 막장이라는 한정된 좁은 공간에서는 이러한 기계들의 교체에 필요한 시간을 무시할 수 없다. 그래서 생각한 것이 바로 TWS이다. 즉, TWS는 막장의 기계 대수를 줄여 기계 교체 시간을 줄이는 동시에 병행 작업이 가능하다.

따라서 작업공간의 정리와 작업 사이클 단축, 그리고 작업환경을 개선하여 안전성을 향상시키는 효과를 가져 올 수 있다.

TWS는 수년 전부터 시행되어 왔으나, 본격적인 TWS 공법은 1996년부터 시작된 일본도로공단 호쿠리쿠 자동차 도로 야마오 터널 공사에서 이용되었다. 다음 그림은 실제기계를 정면(막장 측)에서 본 전경을 나타낸 것이다. TWS 본체 뒤에는 버력처리용 벨트 컨베이어가 설치되어 있으며 TWS의 전체 연장은 약 100m 정도 된다.

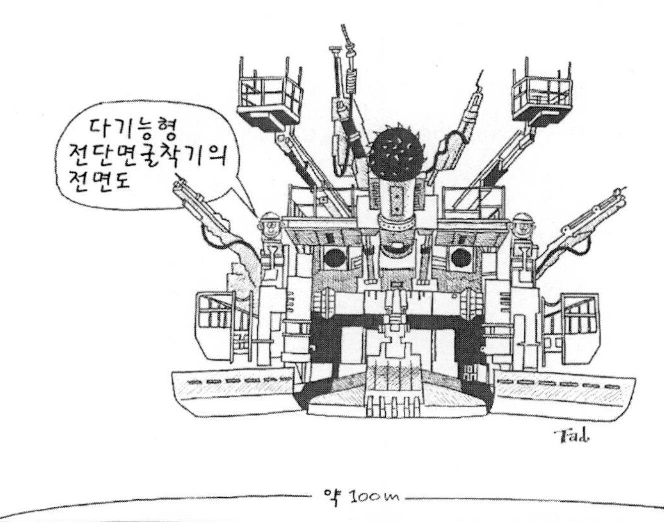

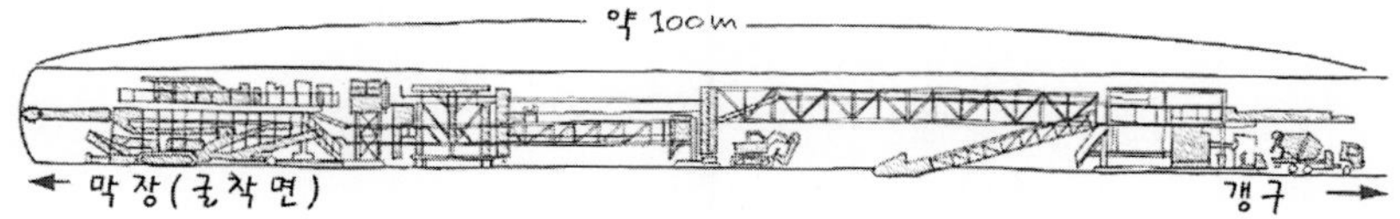

터널의 NTL 공법이란 무엇인가?

NTL 공법이란 뉴터널라이닝 공법의 약자로서, 통상적인 2차 콘크리트 라이닝을 대체한 것이다. 본 서의 226쪽에서 후술할 싱글쉘과 조합을 하면서 주목받기 시작하였다. 원래 NTL 공법을 생각한 초기 의도는 숏크리트의 결점을 보완하기 위함이었다. 숏크리트는 NATM의 가장 중요한 지보로서 여러 가지 큰 효과가 기대되는 반면에, 결점으로는 분진이 발생하여 작업환경이 나쁘고 안전위생적 측면에서 문제가 많으며 분사 시 튕겨져(리바운드) 품질이 균질하지 않는 등 재료적 손실이 많아 공사비를 상승시키는 문제가 있다.

NTL 공법은 거푸집과 지반, 또는 숏크리트 사이에 특수한 콘크리트를 구석까지 채워 넣어 지반과 밀착된 콘크리트를 단시간에 구축해낸다. 기본적으로 이 공법은 막장의 숏크리트를 대신하는 것을 시공하지만, 막장에서 1차 숏크리트를 타설하고 그 후방에서 2차 숏크리트에 대신하는 것으로 시공하는 경우도 있다.

즉, 막장면이나 천단이 자립하는 지반조건이 아니면, 막장에서의 시공은 어렵다. 거푸집의 붕락 또는 박락이 발생하는 막장에서 조립하는 것은 불가능하며 용수가 많은 곳에서의 콘크리트도 불가능하다. 그렇게 하면 지반조건이 나쁜 곳의 막장에서는 1차 숏크리트를 해두고 2차 숏크리트 대신에 NTL을 사용하는데, 이 NTL을 영구 라이닝으로 반영하면 급속시공이나 비용절감이라는 측면에서는 의미가 있다고 할 수 있다. NTL 거푸집으로 지금까지 시행 및 실용화된 것이 많다.

먼저 미장용 공구 등을 이용하여 모르타르를 바르는 타입, 터널 원주방향으로 이동 가능한 벨트식 거푸집을 이용하여 콘크리트를 타설하는 타입, 조립식 타입 등이 있다. 이 중에서 시공목적을 가장 먼저 얻을 수 있는 것은 조립식 타입이며, 전둘레 거푸집형 NTL이 실용화되었다. 이 거푸집을 이용한 콘크리트는 특수한 배합으로 만들어져 있다. 특히 얇은 라이닝으로 고강도이며 초기 강도의 발현이 빠르지 않으면 지반을 지보할 수 없는 점이 특징이다. 따라서 이 콘크리트에 요구되는 성능은 다음과 같다. ① 시공 시 분진이 발생하지 않음, ② 분사 시 튕김(리바운드)이 없음, ③ 조기에 지보효과를 발휘하는 강도까지 도달, ④ 장기강도가 큼, ⑤ 유동성이 뛰어나 구석까지 채울 수 있음, ⑥ 지반과의 부착력이 큰 점 등이다.

실제로 호쿠리쿠 자동차 도로 야마오 터널 공사에서 NTL을 사용한 콘크리트는 슬럼프의 플로우치가 67± 5cm이며, NTL 거푸집의 탈형 시간이 15시간 타입과 2시간 타입이 사용되었는데, 모두 탈형 시간 강도가 1N/mm^{2}으로 설계되었다. 그리고 거푸집은 통상적인 조립식보다 액압이 높기 때문에 튼튼하게 만들었다.

SEC 콘크리트란 어떤 것인가?

터널 지보재로서 숏크리트 시공 시 요구되는 특징으로는 콘크리트 품질이 균질하며, 분사 시 리바운드(튕김)가 억제되고, 분진을 적게 발생시켰냐는 것이다. 즉, 가압 배송성이 좋고 블리딩이나 모래의 침강이 발생치 않는 고품질의 고강도 콘크리트를 어떻게 만드느냐 하는 것이다.

이 때문에 개발된 것이 SEC 콘크리트이다. SEC란 'Sand Enveloped with Cement'의 약자로, 반죽하지 않고 필요한 물을 분할하여 투입함으로써 세골재의 주위가 낮은 물/시멘트비의 시멘트 페이스트로 덮인 콘크리트를 말한다. 분할반죽이란 말이 나왔는데, 이에 대비되는 것은 일괄 반죽이라는 것으로서 세골재, 조골재, 물, 시멘트의 모든 재료를 일괄 투입하여 반죽하는 방법을 말한다. 이 방법으로 만든 콘크리트나 모르타르에 비해, 분할반죽으로 만든 콘크리트나 모르타르는 많은 이점을 갖고 있는 것이 증명되고 있다.

'재단법인 토목연구센터'에서 제시한 SEC 콘크리트 기술심사증명 보고서에는 일반 콘크리트 특성으로, 압축 강도는 일괄 반죽 콘크리트에 비해 5% 이상 높고, 블리딩률(콘크리트를 친 후 표면에 뜨는 남은 물의 비율)은 일괄 반죽 콘크리트에 비해 40% 이상 적으며, 펌프에 의한 압송성이 높은 것으로 나와 있다. 습식 숏크리트에 대한 특성으로는, 재령 28일의 코어 압축 강도는 일괄 반죽 콘크리트에 비해 10% 이상 높다.

콘크리트의 제조방법은 최적의 1차 배합수의 양을 결정하기 위하여, 미리 재료의 특성 시험을 실시하여 표면수의 관리를 충분히 실시한 세골재와 조골재를 1차 배합수와 함께 믹서에 투입하여 섞는다. 그런 다음 시멘트를 투입하여 낮은 물/시멘트비의 치밀한 시멘트 페이스트가 세골재 주변에 부착하도록 2차 반죽하여 제조한다.

이렇게 만들어진 SEC 콘크리트는 일반 믹서와는 다른 믹서를 사용하여야 하고 반죽시간도 약간 길지만, 많은 터널의 숏크리트에 사용되고 있다.

터널에서 사용되는 케이블 볼트란 어떤 것인가?

NATM 공법에 따른 터널 시공 시 중요한 지보로는 숏크리트, 록볼트, 강제지보공이라는 것은 앞서 설명하였다. 케이블 볼트란 록볼트의 정착방식이 전면 접착형이며 강봉 대신 케이블을 이용한 것을 말한다. 따라서 케이블 볼트의 작용효과는 앞의 록볼트 관련항(206쪽)에서 기술한 전면 접착형과 기본적으로 동일하다. 그 특징은 록볼트의 강봉을 좁은 갱내에서 타설하면 길이에 한계가 있다. 예를 들면 3m나 4m 정도의 록볼트가 주로 사용되는데, 케이블 볼트의 경우는 케이블을 드럼에 감은 것을 현장에 투입하여 그것을 타설하므로 좁은 갱내에서도 긴 것을 사용할 수 있다.

케이블 볼트의 역사를 살펴보면 최초에는 광산에서 채굴갱도, 채굴공동의 지보로 이용되었다. 광산의 터널 굴착 공법은 '컷 앤드 필'이라 하여 광맥을 따라 굴착하면서, 그때 발생하는 버력을 자기 발밑에 묻히며, 밑에서 위를 향해 무너트려가는 방법으로 이루어졌다. 이때 케이블 볼트가 이용된다는 것은 곧, 굴착이 진행될 전방 지반에 케이블 볼트를 설치하여 전방 지반을 보강한다는 것을 의미한다. 그러므로 가능한 한 긴 것으로, 굴착에 따라 절단 가능한 재질의 것이 사용하기 편리하다. 광산에는 많은 갱도가 그물망처럼 뚫려있기 때문에 주변 암반이 이완되는 경우가 많다. 이러한 주변 지반의 보강을 위해서는 연장이 긴 케이블 볼트가 효과적으로 사용된다. 즉, 케이블 볼트의 주목적은 선행지보에 따른 공동을 안정화시키는 데 있다.

그럼 토목분야에서는 어떻게 사용하는 것이 이상적일까? 대단면을 갱도에서부터 확폭하는 경우, 갱도부터 확폭부 주변 지반에 미리 타설하여 보강하는 방법, 막장에서 전방 지반 보강을 위하여 막장면 보강 볼트로 사용하는 방법, 지하발전소와 같은 대공동에서의 PS 앵커 대신 사용하는 방법 등 여러 가지가 연구되고 있다. 알려진 바로는 릴레함메르 동계올림픽 때 지하에 만든 아이스하키 경기장(폭 61m × 높이 25m × 길이 91m)의 지보부재로 케이블 볼트가 이용된 예가 있다.

마지막으로 재료와 시공법에 대해서 설명하고자 한다. 사용하는 케이블 재료는 PC 강선이 많으며 와이어 로프로도 가능하다. 또, 내부식성과 절단 시공성 측면에서 유리 섬유계, 아라미드 섬유계, 탄소 섬유계 등이 개발되고 있다. 정착재로 해외에서는 시멘트 밀크가 많이 사용되고 일본에서는 모르타르가 주로 사용된다. 시공방법은 적당한 지름(50~60mm)으로 천공하여 정착재를 주입한 후, 케이블을 삽입하는 선주입 방식과 케이블을 삽입한 후에 주입하는 후주입 방식이 있다. 이 작업을 연속적으로 수행하는 기계로는 케이블 볼트의 본 고장인 핀란드에 'CABOLT'라는 것이 있다.

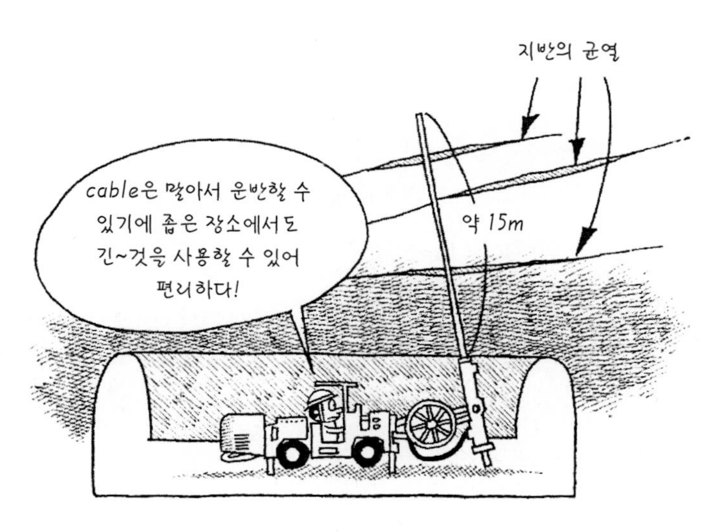

터널에서 싱글쉘이란 무엇인가?

통상 NATM으로 시공되는 터널의 구조는 터널 굴착 시 안정을 유지하는 목적과 함께 시공되며 동시에 영구 지보재이기도 한 강제지보공, 숏크리트, 록볼트와 2차 콘크리트 라이닝으로 형성되어 있다. 그리고 숏크리트와 2차 콘크리트 라이닝 사이에는 방수와 분리를 목적으로 방수 시트를 설치한다. 따라서 방수 시트가 붙어 있는 곳에서 숏크리트와 2차 콘크리트 라이닝 사이에서는 전단력이 전달되지 않는 구조라고 할 수 있다. 이러한 구조를 더블쉘 구조라 하는데, 2차 콘크리트 라이닝을 타설하지 않고 숏크리트로 마감한 것을 싱글쉘 구조라고 한다. 역학적으로는 전단력이 전달되는 단일구조가 보다 합리적이기 때문에, 2차 콘크리트 라이닝을 없애 시공도 합리적으로 할 수 있다.

최근 유럽에서는 건설비를 큰 폭으로 줄일 수 있기 때문에, 수로 및 철도 터널을 중심으로 싱글쉘이 적극적으로 이용되고 있다. 일본도 중소규모의 수력 도수로 터널이나 지하발전소 본체 등에서 이용되고 있다. 싱글쉘을 이용할 때의 이점으로는 ① 단면의 변화에 대해서도 자유롭게 대응할 수 있는 점, ② 숏크리트의 보수가 용이한 점, ③ 굴착 단면을 적게 하여 재료 사용량을 적게 할 수 있는 점 등 주로 비용을 절감할 수 있는 측면이 많다.

그러나 아직 일본에서는 철도나 도로 터널에서 잘 이용하지 않는데, 그 이유로는 숏크리트에 대한 품질의 신뢰성이 부족한 점을 지적할 수 있다. 유럽에서 싱글쉘이 이용되는 경우는 숏크리트 강도 $\sigma_{28} = 40\,\mathrm{N/mm^2}$로 되어 있어, 일본과 비교하면 상당히 질이 높은 동시에 재료비도 높다.

일본에서는 아직 숏크리트 품질이 고르지 못한 문제가 있는데, 아직까지는 에어 분사가 주류를 이루고 있기 때문에 통상적으로 실시하는 생콘크리트를 거푸집 안에 넣어 타설하는 것에 비해 품질 변동 폭이 크다. 숏크리트를 제대로 만들기 위해서는 품질확보, 특히 수밀성과 내구성 확보가 필요하다. 따라서 재료에 대한 관리는 물론 현장에서의 시공관리도 매우 엄격하게 기준을 적용하여야 한다.

이러한 점들을 고려하여 현 단계에서 고려할 수 있는 싱글쉘 구조로는 섬유 등으로 보강된 고강도·고품질 콘크리트를 1번째 층으로 하여 시공하고, 같은 재료를 다시 2번째 층으로 분사하고, 마지막 마감층에는 장기 내구성을 확보할 수 있는 콘크리트를 분사하는 것이 있다. 복잡한 지질구조를 가지는 지반조건에 대한 대응방법 및 용수에 대한 대책방법 등 아직까지 해결해야 할 여러 가지 과제가 남아 있다.

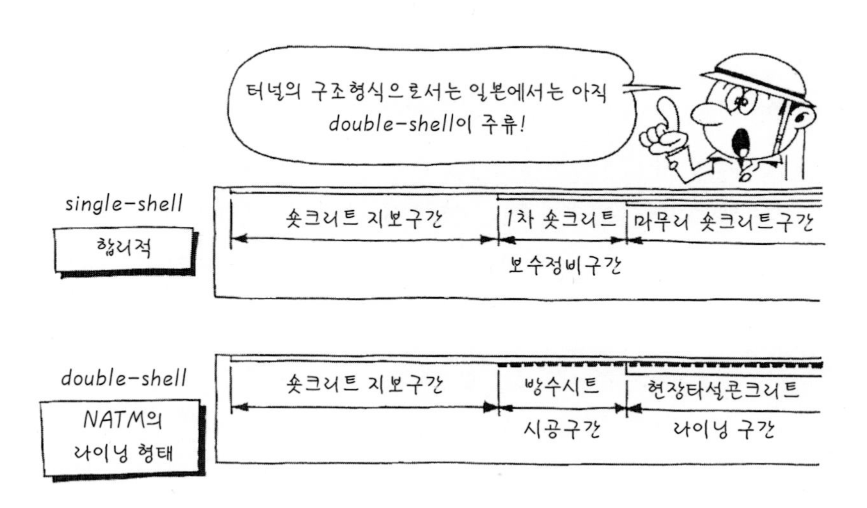

터널에 사용되는 연속 벨트 컨베이어 방식은 무엇인가?

NATM의 산악 터널 공사에서 굴착된 버력의 처리방식을 크게 분류하면 타이어 방식과 레일 방식으로 구분된다(244쪽 참조). 타이어 방식에서는 20~30톤 급의 덤프트럭이나 로드홀덤프 등이 흔히 사용된다. 레일 방식의 경우는 버력차나 셔틀트레인 등과 배터리 기관차의 조합 방식이 자주 사용된다. 그 밖의 방식으로는 컨테이너 방식과 컨베이어 방식이 있다. 컨테이너 방식은 굴착 버력을 컨테이너(벳셀)에 일단 적재한 후, 가능한 한 빨리 막장을 열어, 다른 작업시간대, 예를 들면 숏크리트를 시공하는 시간대에 적재해둔 컨테이너를 갱 밖으로 운반하는 방법을 말한다. 다시 말하면 가능한 한 빨리 터널을 굴착하기 위한 방법의 하나이다.

이제부터 연속 벨트 컨베이어 방식이 무엇인지 알아보자. 이것은 이름 그대로 벨트 컨베이어에 굴착한 버력을 올려 막장에서 갱 밖까지 일직선으로 반출하는 것으로, 막장이 파고 들어간 만큼 벨트 컨베이어를 늘릴 수 있도록 고안되어 있다.

예를 들면, 막장에서 로드헤더에 의해 굴착된 버력을 타이어쇼블로 연속 벨트 컨베이어 시스템의 가장 앞부분에 위치하는 백업덱(back up deck)에 투입한다. 투입된 버력은 홉퍼로 떨어져 연속 벨트를 타고 갱구에 위치한 스트레이지 카셋과 메인드라이브로 흘러가서 갱 밖의 야적장으로 반출된다.

그 다음에는 버력를 운반한 벨트는 메인드라이브 구동프리를 지나, 스트레이지 카셋 롤러로 간 다음에, 카셋 롤러 사이를 이동하여, 스트레이지 카셋 중앙의 리턴 롤러로 올린 후에 백업덱으로 되돌아온다. 막장굴착이 더욱더 진행되면 백업덱을 전진시키고 연속 벨트는 막장의 진행에 맞추어 늘어난다. 이 연속 벨트는 표준적으로는 300m 정도 되며, 막장의 진행 150m에 1번씩 벨트를 이어간다. 벨트의 연결은 화학적인 접합방법으로 간단히 할 수 있다.

이 연속 컨베이어 시스템에 의한 버력 반출방식의 큰 특징은 덤프트럭이나 기관차 등을 사용하지 않아 분진이나 배기가스 등이 발생하지 않기 때문에 작업 환경이 좋고 작업 안전성이 뛰어나며 노반을 손상시키지 않는 점이라 할 수 있으나, 아직 현시점에서는 다른 방법에 비해 경제성이 떨어지는 단점이 있다. 그러나 향후 이용이 더욱 늘어날 전망이다.

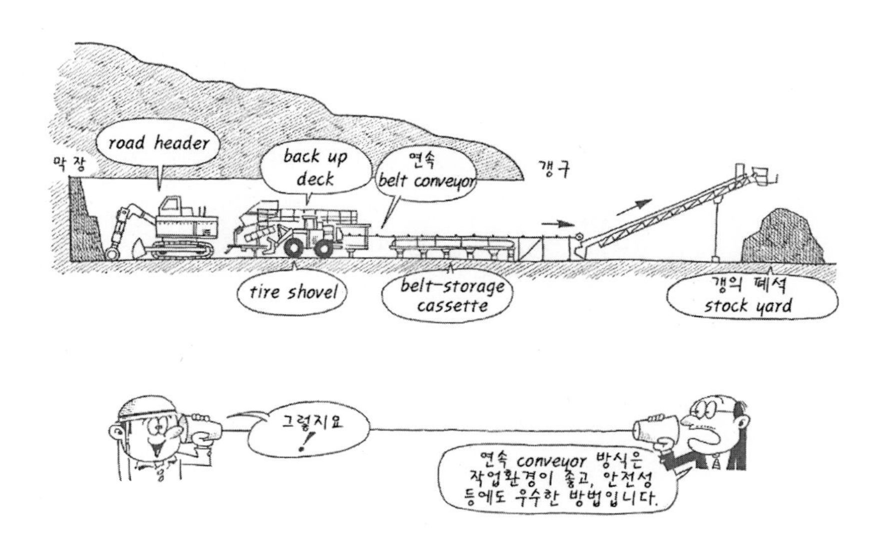

터널의 할암(割岩) 공법이란 무엇인가?

시가지에서 암반굴착을 할 필요가 있는 경우나, 산간부라도 근처에 중요 구조물이나 철도 등이 있어 발파에 의한 진동이나 소음을 무시할 수 없는 경우에는 기계 굴착 공법이 이용되나, 지반이 단단하여 일반 기계를 사용하면 공정이나 공사비가 높아질 때에는 무발파 굴착 공법으로서 할암 공법이라는 굴착 공법이 이용된다.

이 할암 공법은 일반적으로는 자유면의 형성, 착암공 천공, 할암(1차 굴착), 암반파쇄(2차 파쇄)의 네 가지로 구성된다. 먼저, 자유면의 형성은 발파 굴착 시 심빼기에 해당하는 것으로 매우 중요한 역할을 담당하고 있다. 자유면의 형성 방법으로는 대구경 천공, 고밀도 천공, 연속 천공 등이 있다. 대구경 천공에서는 1차 파쇄용으로 정적파쇄용의 ∅38mm의 천공과 대구경 홀로 ∅100mm를 천공한다. 고밀도 천공에서는 소구경 홀을 여러 개 마련하여 정적파쇄용 홀로 파쇄하는 경우와 대구경 홀을 이용하여 굴착하는 경우가 있다. 연속 천공의 가장 일반적인 방법으로는 천공한 홀에 가이드 롯드를 삽입하여 인접공을 천공하면서, 홀을 서로 중첩시키는 가이드 롯드 공법과 복수의 드릴비트를 접하도록 연속적으로 배치한 착암기로 홀을 굴착하는 슬롯드릴 공법 등이 있다.

다음은 착암공 천공인데, 할암을 실시하는 기계나 재료에 따라 다르며, 통상은 점보(대형유압 굴착기를 기계에 장착한 것)로 천공한다. 할암(1차 파쇄)이란 천공한 홀에 압력을 걸어 암반 내부에 균열이 발생하는 것을 말한다. 이 압력을 거는 방법으로 먼저 기계적인 방법이 있는데, 천공한 홀에 쐐기를 박으면서 암반에 압력을 가하는 방법이 있다. 이 방법이 가장 일반적인 방법인데, 이 쐐기에는 여러 가지 타입이 있으며 최근에는 1,000톤 급의 할암력을 가진 대형기계가 개발되었다.

압력을 거는 또 한 가지 방법은 약제 등을 이용하는 방법이 있는데, 이 약제를 정적파쇄제라 부르며 천공 홀 내에 충전한 팽창성물질의 팽창압으로 암반에 균열을 발생시킨다. 이 방법은 간단한 기계로 시공할 수 있어 편리하나 시간이 많이 걸리고 그 효과가 암반의 질에 따라 많이 다르므로 이용 시 반드시 지반조건을 확인해야 한다.

암반파쇄(2차 파쇄)는 1차 파쇄된 암석을 막장에서 분리하기 위하여 브레이커 등으로 쳐서 떨어트리는 것을 말한다.

이상 공법 외에 특수한 예로는 팽창제로써 가스압을 이용하는 것과 증기압을 이용하는 것, 물이나 기름 등의 액압을 이용하는 것, 방전에 의한 순간적인 고에너지로 얇은 금속선을 녹여 증기가 발생할 때 생기는 충격압을 이용하는 것 등 여러 가지 방법이 시험적으로 실시되고 있다.

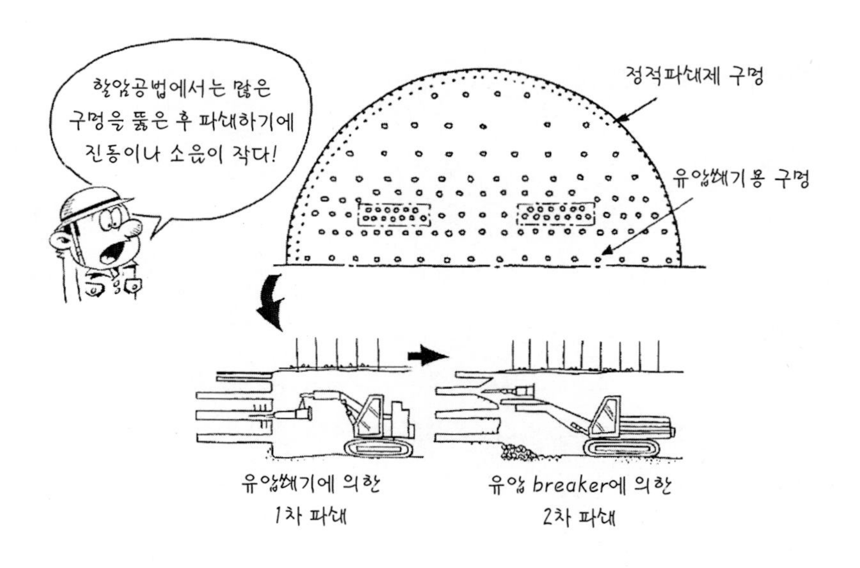

터널의 프리라이닝 공법이란 어떤 것인가?

프리라이닝이란 문자 그대로 '미리 설치하는 라이닝'이라는 뜻으로, 터널을 굴착하기 전에 터널 천정에 미리 라이닝을 설치하는 것을 말한다. 최근, 도시부의 토사 지반을 산악 터널 공법으로 굴착하여 시공하는 공사가 늘어나고 있다. 이는 쉴드 공법에 비해 터널 단면을 자유롭게 설계할 수 있으며 경제적이기도 하다. 그러나 이러한 토사 지반에 NATM으로 터널을 만들 때 문제가 되는 것은 지반조건이 매우 불안정한 경우, 토피가 매우 얕은 경우, 가까이에 중요 구조물이 있는 경우 등이다. 이와 같은 어려운 시공조건하에서 고안한 보조 공법이 프리라이닝 공법이다.

프리라이닝 공법은 슬릿콘크리트 방식, 수평 제트 그라우팅 방식, 강관 프리라이닝 방식으로 나누어진다. 슬릿콘크리트 방식에는 PASS 공법, New PLS 공법이 있고, 수평 제트 그라우팅 방식에는 로딩제트 공법, 트래비제트 공법, 메트로제트 공법 등이 있고, 강관 프리라이닝 방식에는 AGF 공법, 트래비튜브 공법, 로딩튜브 공법 등이 있다.

슬릿콘크리트 방식은 굴착에 앞서 막장 전방지반의 굴착하고자 하는 터널의 외주 부분을 두께 15~50cm 정도, 아치형으로 홈을 파내 콘크리트나 모르타르로 채워 지붕을 만드는 것인데, 일반적으로 횡단방향으로는 5m 정도의 길이로 만든다. 이 방식에서는 터널의 횡단방향으로 연속된 강성이 높은 콘크리트 지붕이 생기기 때문에, 앞에서 열거한 세 가지 방식 중 가장 신뢰성이 높다 할 수 있다. 이 방식의 굴착 방법은 체인커터로 지반을 아치형으로 홈을 파는 방법과 다축오거를 사용하여 연속체로 서로 연결시키는 방법이 있다.

수평 제트그라우팅 방식은 굴착에 앞서 막장 전방지반에 길이 10m 정도의 시멘트로 개량된 가로 방향의 말뚝을 만들어 지붕으로 하는 공법이다. 개량체의 조성은 천공과 동시에 시멘트 그라우트를 고압 분사하는 방법, 선단까지 천공한 후에 바로 앞으로 고압 분사하면서 되돌아오는 방법 등이 있다. 이 방법은 전술한 슬릿콘크리트 방식에 비하여 횡단방향에 대해 연속체로 시공하기 어려워, 지반 조건에 따라 원하는 크기로 개량체가 조성되지 않을 수도 있으므로 시험 시공을 실시하여 확인해야 한다.

강관 프리라이닝 방식은 굴착에 앞서 10～15m 정도 길이의 강관을 아치형으로 타설하는 것으로 강관의 강성에 따라 그 신뢰성이 변화하여 프리라이닝으로는 보조적이라 할 수 있다.

앞에서 소개한 방식의 주요 효과로는 막장의 안정성 향상, 지반의 이완 방지, 지표면의 침하억제, 시공성 및 안정성 향상을 들 수 있으며, 그 결과로 지보를 줄일 수도 있다.

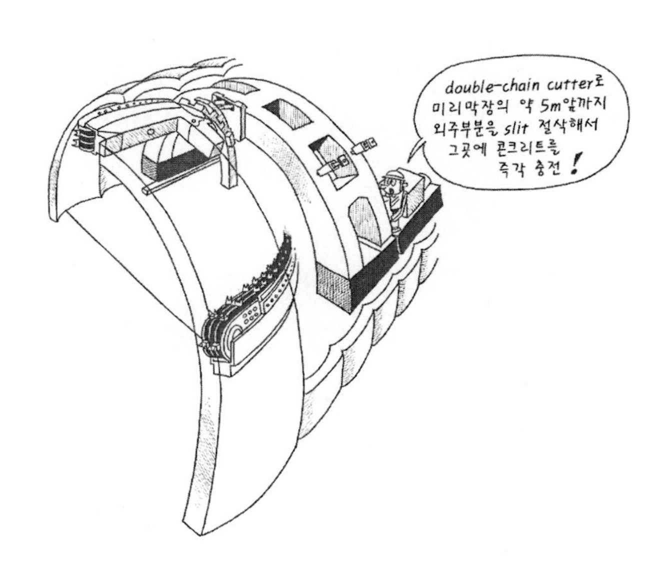

터널의 기계 굴착 공법에는 어떤 것들이 있는가?

터널을 굴착하고자 하는 지점의 암반이 단단한 경우에는 다이너마이트 등을 이용한 발파 굴착을 실시한다는 것을 앞에서 언급하였다. 그러나 연암보다 단단하지 않아 발파 굴착에 적절하지 않은 경우나 또는 어떠한 조건에 의해 발파를 실시할 수 없는 경우, 즉 발파소음이나 발파진동의 영향을 무시할 수 없는 경우에는 기계 굴착 방식으로 터널을 굴착한다.

기계 굴착 방식은 자유로운 형상으로 굴착이 가능한 자유 단면 굴착기 방식과 주로 원형으로 전단면으로 굴착하는 TBM 방식으로 나뉜다. 여기서는 자유 단면 굴착기에 대하여 설명하였으며, TBM 방식은 앞(132쪽)에서 설명하였다.

자유 단면 굴착기를 분류하면 붐 굴착기, 브레이커, 할암 굴착기로 나뉜다. 붐 굴착기로 알려져 있는 것은 로드헤더, 붐헤더, 커터헤더, 트윈헤더, 암헤더 등이다. 이 기종들을 선정할 때에는 특히 굴착성을 중요시해야 한다. 지반의 일축 압축 강도나 탄성파 속도의 수치를 판단기준으로 삼아 암질, 균열, 용수 등의 지반조건도 추가할 필요가 있다. 표준 기준은 일축 압축 강도가 20MPa 이하의 낮은 강도의 암질 지반에 대해서는 연암용의 기종을 사용하고, 20～80MPa의 지반에서는 중경암용 기종을 사용하며 80MPa 이상인 경우에는 경암용 기종을 선택한다. 연암에서부터 실트나 자갈지반 등의 자립성이 나쁜 지반에까지 이용 예가 많은 것은 커터로더 타입의 기종이다. 커터로더의 특징은 붐 부분이 컨베이어로 되어 있고 그 선단에 커터가 달려 있는 것이다. 커터로 절삭된 버력은 그대로 붐 위를 지나 후방으로 보내진다. 다음으로 트윈헤더 타입의 기종은 유압쇼벨(백호우)의 부착물 개념으로 사용할 수 있어 매우 편리하기는 하나, 전용의 암굴착 기계에 비하면 굴착 능력이 떨어지고 주로 딱딱하게 굳은 토사 등을 절삭할 때 사용된다.

로드헤더, 붐헤더 타입은 강인한 붐의 선단에 달려 있는 커터드럼을 회전시켜 지반에 밀어붙여 암반을 절삭하는 것이다. 대상지반은 연암에서 중경암까지이며, 그 강도에 따라 많은 기종이 있다. 그리고 일축 압축 강도가 100～250MPa이라는 극경암 암반의 절삭용 기계로서, TBM용의 디스크 커터를 부착하여 암반을 압쇄하는 타입이 있다.

브레이커도 최근에는 대형의 강력한 타입으로 바뀌는데, 베이스머신으로는 40톤급의 유압쇼벨에 4톤급의 대형 브레이커를 장착하여 굴착한 사례도 있다. 브레이커로 굴착 가능한 지반의 강도는 40～60MPa 정도가 가장 적당하며, 파쇄 효율은 균열이 많으면 대폭으로 향상된다. 자유 단면 굴착기 중 할암 굴착기에 대해서는 230쪽에서 이미 설명하였다.

터널 라이닝의 콜드조인트란 무엇인가?

1999년에 일어난 JR 산요신칸센 후쿠오카 터널에서의 콘크리트라이닝 박락사고 이후, 콜드조인트라는 말이 주목받았다. 콜드조인트란 콘크리트의 이음매로써, 먼저 타설한 콘크리트와 나중에 타설한 콘크리트가 완전히 일체화되지 않아 발생한 이음매를 말한다.

터널 콘크리트 라이닝은 일반적으로 연속해서 타설하기 때문에, 먼저 친 콘크리트든 나중에 친 것이든 이음매 없이 연결해야 한다. 그러나 어떤 문제가 생겨 연속적으로 타설이 불가능하여 적절한 시간 간격보다 늦게 치는 경우나 이음매의 처리가 부적당한 경우에는 콜드조인트가 발생하기도 한다.

발생원인은 ① 콘크리트 플랜트의 고장 등 기계설비의 문제로 콘크리트 공급이 중단된 경우, ② 생콘크리트(레미콘) 운반차가 교통적체 등의 문제로 콘크리트 공급이 중단된 경우, ③ 콘크리트 재료가 불량이어서 재료분리가 발생된 경우, ④ 진동 다짐기에 의한 다짐이 극단적으로 부족한 경우 등을 생각할 수 있다. 발생원인을 토대로 그 대책도 생각해볼 수 있다.

먼저 생콘크리트는 JIS(일본공업규격) 인증 공장을 선택하는데, 가능한 한 여러 공장을 선택하고, 1곳의 공장에서 문제가 발생하여도 다른 공장으로 대응할 수 있도록 하는 것이 좋다. 그리고 공장에서 현장까지의 운반시간은 가능한 한 짧은 것이 좋지만, JIS에 의하면 반죽을 시작한 후 콘크리트 타설까지의 시간 한도를 1.5시간 이내로 규정하고 있다. 그러나 여름철 더울 때는 콘크리트의 응결반응이 빨라지므로, 외부 기온이 25℃를 넘을 때는 1시간을 기준으로 하는 것이 좋다. 그러므로 품질확보를 위하여 실시하는 시험 반죽이나 현장에서의 재료 채취에 의한 강도시험 등을 제작 공장에 맡기지 말고, 시공자가 책임을 지고 관리하는 것이 중요하다. 시공자는 작업자에게 콘크리트의 품질확보에 대한 교육을 실시하는 것도 중요하다.

그러나 산요신칸센의 콘크리트 파편 낙하사고는 윗면은 콜드조인트였으나 아랫면은 콜드조인트가 아닌 불연속면이었다. 즉, 두 가지의 불연속면으로 둘러싸인 부분이 낙하하였던 것이다. 터널 2차 콘크리트 라이닝의 콜드조인트는 결코 아치작용을 없애버리는 방향으로는 발생할 수 없으므로 콜드조인트 자체가 라이닝 구조의 안정을 저해한다고는 볼 수 없다.

그 부분에 다른 불연속면을 발생시키는 원인이 없는지 확인하는 것이 중요하다. 예를 들면, 배면에 공극이 없는지, 큰 지압이 작용하고 있지는 않는지, 물이 나오고 있지는 않은지 등을 체크해야 한다. 콜드조인트 자체는 아치효과를 저해하지 않더라도, 오랫동안 방치하면 열화되어 2차적인 문제가 발생할 수도 있다.

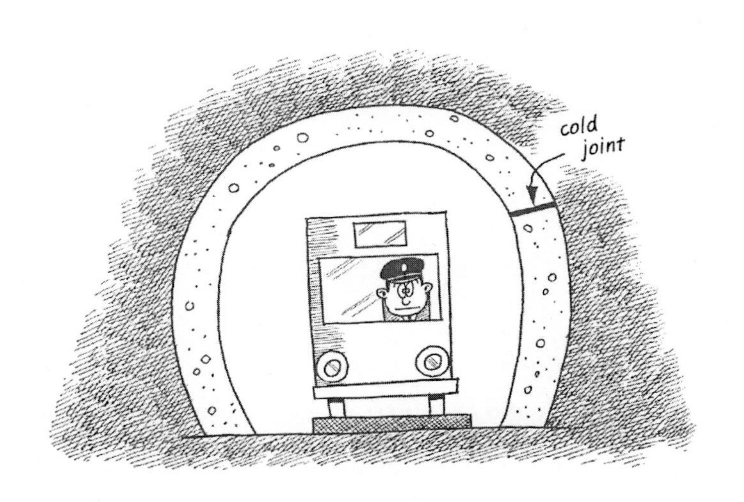

지하발전소와 같은 큰 공동은 어떻게 만드는 것인가?

순 양수식 발전소는 대부분 지하에 설치되어 있다. 이것은 ① 자연환경의 훼손이 적고, ② 지상의 발전소에 비해 주변 지형 등에 좌우되지 않으면서 필요한 낙차를 얻는 것이 큰 이유이다. 그 반면, 대단면의 지하구조물이기 때문에 양호한 지질조건이 필요하고, 건설비가 높아지는 문제점이 있다.

이러한 지하발전소의 단면은 과연 어느 정도의 규모일까? 터널에서 일반적인 2차선 도로 터널이나 신칸센 철도 터널의 단면적은 대개 70~80m^2 정도인데 비해, 지하발전소는 크게 1,500m^{2}을 넘는 것도 있다. 폭은 30m, 높이는 50m 정도 된다. 지하 400~500m나 되는 곳에 구청이나 도청 빌딩이 들어갈 수 있는 대공동이 있다고 생각하면 그야말로 엄청나다.

이러한 대 공동은 어떻게 만드는 것일까? 공동은 단면이 클수록 공동의 안정성이 떨어져서 큰 지보를 필요로 함과 동시에 기본적으로는 주변 암반의 강도에 의존하는 일이 많아진다. 따라서 지하발전소 건설계획 지점의 사전조사를 치밀하게 실시하여야 한다. 그리고 지반조건이나 지하수 등의 조건에 따라 발전소의 위치를 당초 계획에서 이동시키거나 방향을 바꾸기도 하고 경우에 따라서는, 단면 형상까지 바꿀 때도 있다. 특히 지반의 초기응력 상태가 어느 쪽을 향하고 있는지, 어느 방향이 가장 큰 것인지 등에 따라 결정되는 경우가 많다.

지금까지의 지하발전소의 실적을 살펴보면 양호한 지반조건하에 건설된 것이 많고 국부적인 경우를 제외하고는 지반 강도비가 큰 장소에 건설되고 있다. 대단면 공동의 안정성을 지배하는 것은 균열과 같은 불연속면의 거동이라 할 수 있다. 불연속면이 미끄러지지 않고 움직이지 않도록 하기 위하여 여러 가지 방법으로 시공되고 있다. 일반적인 기계를 사용하는 경우에는 굴착 가능한 터널 단면이 정해져 있기 때문에, 먼저 그 정도의 단면을 굴착한 후에 점점 확폭해가는 방법을 취한다. 그중에서 신중하게 굴착해야 할 곳이 바로 아치 부분이다. 발전소의 아치 형상은 버섯형, 탄두형, 계란형 등이 있으며 이 형상에 따라 시공방법도 약간씩 다르다. 굴착 공법으로는 측벽도갱과 정설도갱을 먼저 굴착한 후에 확폭하든가, 각각의 도갱에서 넓혀나가는 것이 기본이다. 아치부의 굴착이 끝나면 높이 3m 정도마다 벤치 굴착을 반복하여, 소정의 깊이까지 굴착한다. 다음 그림은 대표적인 지하발전소의 단면이다.

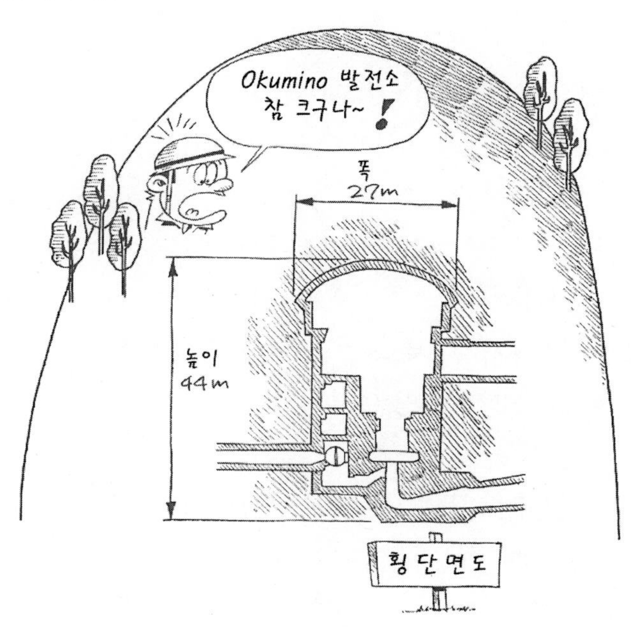

잘못된 측량으로 굴착된 터널은 없는가?

일본의 세이칸 터널이나 죠에츠 신칸센의 시미즈 터널, 간에츠 자동차 도로의 간엔츠 터널 등은 모두 길이가 아주 긴 터널들이다. 과연 이렇게 연장이 긴 터널 공사에서 측량은 어떻게 실시되는 것일까?

측량을 잘못하는 경우는 없는 것일까? 일직선으로 있지만 어떤 터널에서는 많은 커브가 있기 때문에 커브의 크기를 잘못 측량하거나 직선에서 커브로 돌아가는 위치(BC)를 잘못 측량하면 큰 곤란을 겪을 수 있다. 커브를 구부려서 굴착했다는 사례는 아직 없으나, 커브로 들어가는 위치가 어긋난 사례는 있다. 잘못된 측량으로 굴착을 한 경우에는 당연히 터널 출구의 위치가 전혀 달라진다. 철도 터널이든 도로 터널이든, 터널과 연결되는 바깥의 고가교나 성토 등의 구조물이 이미 만들어져 있는 상태라면 터널의 출구가 잘못된 경우 다시 바꿀 수가 없기 때문에 터널을 다시 굴착한다. 그러나 막대한 비용과 공사기간, 노동력이 소요된다. 터널 측량은 앞이 보이지 않는 상태에서 수행하기 때문에 고도의 기술을 필요로 한다. 따라서 공사 중에서 가장 중요한 요소의 하나가 측량이다. 측량 담당자는 항상 자신이 하고 있는 측량을 확인하여야 하며, 경우에 따라서는 다른 사람에게도 체크를 받아야 한다.

지하 500m 깊이에 만들어지는 지하발전소 공사에서는 여러 개의 터널이 교차하거나 병행하면서 만들어진다. 사갱, 수직갱, 수평갱, 대단면 터널, 소단면 터널과 여러 가지 터널이 각각의 역할을 맞추어 배치되어 있다. 이렇게 복잡하게 배치된 터널을 설계도대로 굴착하기 위해서는 측량 기술이 매우 중요하다. 사람이기 때문에 가끔은 실수를 할 때도 있다. 그러나 상시적으로 육안 조사를 실시하고 정기적으로 체크 측량을 실시하는데, 1년에 1번 또는 2번, 중요한 분기점이나 기준점이 필요할 때에는 제3자(측량 전문회사 등)를 통한 체크 측량이 필요하다. 불성실한 체크로 도중이나 마지막에서 측량 미스가 발견되어 사갱과 수직갱이 서로 제대로 결합하지 못하면 그때까지 모든 작업자의 노력이 일순간에 무너져 버리는 결과를 초래한다. 측량은 토목, 건설 공사에서 가장 중요하고 기본적인 기술이다.

사갱과 수직갱은 어떻게 굴착하는가?

사갱과 수직갱은 고속도로나 신칸센과 같은 긴 터널을 효율적으로 시공하기 위한 작업갱으로 만들어지거나 환기용으로 만들어진다. 이러한 사례보다도 더 규모가 크고 영구 구조물로 시공되는 것은 수력발전소의 취수구, 방수구, 압력조절수조, 수압철관로 등이 있다.

먼저 사갱은 어떻게 굴착하는 것일까? 구배가 6분의 1 정도까지는 수평갱과 동일한 기계로 시공할 수 있으나, 구배가 5분의 1 이상이면 특수한 사갱용 기계가 필요하다. 사갱의 단면형상이나 연장, 그리고 위에서 아래쪽으로 굴착할지, 아래에서 위로 굴착할지에 따라 시공기계 설비가 달라진다.

도로 터널이나 철도 터널의 작업갱으로 쓰일 경우 사갱은 구배가 4분의 1~8분의 1 정도가 많고 위에서 아래쪽으로 파는 경우가 거의 대부분이기 때문에, 수평갱 굴착의 응용식 굴착 방법을 이용한다. 그러나 수력발전소의 수압관로와 같이 구배가 2분의 1(45°) 정도면 방식이 완전히 달라진다. 수직갱에서도 마찬가지지만 사갱의 굴착공정 중에서 가장 문제가 되는 것은 굴착 버력을 어떻게 바깥으로 내보내느냐 하는 것이다. 굴착 버력을 자연낙하시키는 것이 가장 편한 방법이긴 하지만 이 방법 이외에 클라이머에 의한 굴착 방법과 TBM에 의한 굴착 방법이 있다. 클라이머 공법이란 클라이머라고 하는 래크피니언 방식의 이동식 비계의 공간이 막장에서 작업장소가 된다. 막장에서 이 공간 위로 나와 천공과 장약을 결선한 후, 일단 사갱바닥까지 내려와 발파를 한다. 그러면 버력은 사갱으로 떨어진다. 이를 반복하면 위쪽으로 굴착하게 된다. 사갱 TBM은 보통의 TBM을 위쪽으로 경사지게 굴착하는 형태이나, 큰 TBM 본체의 미끄러짐 방지가 문제가 된다.

다음은 수직갱에 대한 설명이다. 위에서 아래쪽으로 굴착하는 방법으로, 표준 공법인 쇼트 스텝 싱킹 공법이다. 이 공법은 수직갱 상부에 작업대를 만들어 윈치로 스카포드나 착암기, 버력 키블 등을 감아올리거나 내리는 것으로, 1회 발파 길이를 1.5m 정도로 하며 굴착 후 바로 임시 콘크리트를 타설하여, 지반을 보호하면서 아래로 진행한다.

수직갱이 깊어질수록, 수직갱 작업공정 중에서 가장 많은 시간이 소요되는 것은 굴착 버력을 위로 올려 배출시키는 작업이다. 수직갱 하부에 터널이 있는 경우에는 버력 배출용 수직갱을 먼저 만들고 난 후에 주변을 넓혀가는 방법을 이용한다. 버력 배출용 수직갱을 굴착하는 방법에서 아래에서부터 위로 굴착하면서 올라가는 경우에는 클라이머가 사용되기도 하고, 위에서부터 시공 가능한 경우에는 레이즈폴러를 이용하여 굴착하는 것이 일반적이다. 레이즈폴러란 ∅200~300mm 정도의 파이롯트공을 아래방향으로 보링하여 하부 터널에 관통하면, 하부 터널 내에서 큰 비트로 교환한 후 파이롯트공을 넓혀나가면서 위로 굴착(리밍업)을 하는 것으로써 최근에는 굴착 직경이 6m짜리까지 나왔다. 이 방법은 시공 안전성이 높은 것이 큰 특징이다.

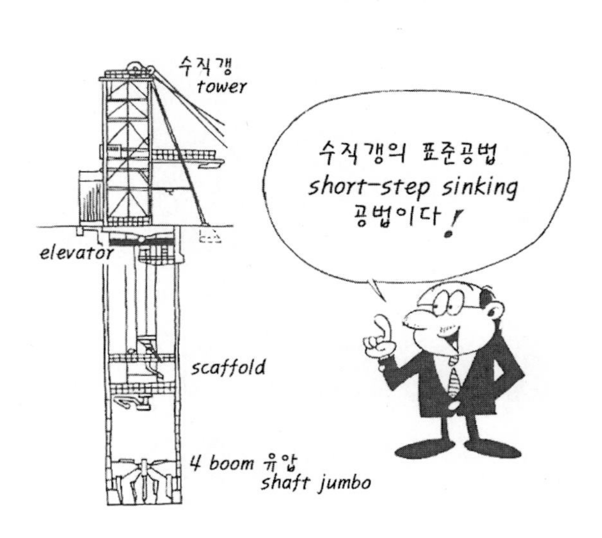

터널 굴착 버력의 처리방법에는 어떠한 것들이 있는가?

터널의 굴착 작업은 천공, 장약, 발파(또는 기계 굴착), 버력 반출, 지보공, 숏크리트, 록볼트 등의 일련의 작업을 반복하면서 이루어진다. 이 작업들을 안전하고 신속하게 그리고 저비용으로 실시하기 위해서는 각 공종에서 가장 적합한 방법을 이용하여야 한다.

버력처리란 굴착된 버력을 실은 후 운반해서 버리는 것으로, 버력을 실은 후 운반하는 방법에 대해서 설명하고자 한다.

예전의 재래식 터널 공법에서는 소단면으로 분할 굴착하는 것이 일반적이었기 때문에, 소단면 시공에 유리한 레일 방식에 의한 버력 반출이 주를 이루었다. 그 후 등장한 NATM 공법에서도 수로 터널 등의 소단면 터널에서는 레일 방식을 주로 이용하였다. 소단면 이외의 터널은 거의 타이어 방식으로 시공되지만, 최근에는 연속 벨트 컨베이어 방식을 이용하고 있다.

이와 관련된 기계에 대하여 설명하면 다음과 같다. 먼저 버력을 실어 올리는 기계로, 동력원으로는 에어식, 전기식, 내연기관식이 있다. 에어식의 대표적 방법은 레일 방식에서 쓰였던 록커쇼벨을 들 수 있다. 전기식은 레일과 타이어 방식에서 사용되는 샤프로더가 유명하다. 내연기관식은 주로 타이어 방식에서 잘 쓰이는 쇼벨계의 기계로, 백호우, 트랙터로더, 로드홀 타입 등이 있다. 다음은 운전기계에 대하여 살펴보자. 예전 레일 방식에서는 굴착 버력차나 셔틀트레인을 디젤기관차(지금은 건전지 기관차)로 견인하여 사용하는 것이 일반적이었다. 레일 방식은 터널의 구배에 제약을 받아, 통상 2% 이상이면 특별한 충돌 방지 장치 등의 안전대책이 필요하고, 3.5% 이상에서는 특수 장치가 필요하다.

타이어 방식에서는 대부분이 덤프트럭에 의한 운반 방법을 이용하는데, 덤프트럭도 시대와 함께 대형화되어 현재는 20～25톤이 주를 이루고 있다. 쇼블계의 운반기계로 로드홀덤프가 있는데, 경사로나 급곡선 터널에서 위력을 발휘한다. 타이어 방식에 의한 적재 및 운반 기계는 대부분이 디젤엔진을 동력으로 사용하기 때문에 배기가스 문제와 주행 중 분진 문제가 있어, 긴 터널일수록 작업환경을 악화시키는 원인이 된다. 그래서 터널 갱내에서 사용하는 건설기계는 배출가스 대책형이나 매연 정화장치가 달린 것을 사용하도록 규정하고는 있으나, 완벽히 처리하는 데는 어려움이 많다. 그래서 최근에는 연속 벨트 컨베이어에 의한 반출 시스템을 이용하는 현장이 늘어나고 있다. 굴착을 실시함에 따라서 벨트 컨베이어가 늘어나는 것으로써, 덤프를 대신하는 방법으로 유력시되고 있으나 아직은 비용이 높은 점은 해결해야 한다.

산악 터널 공법과 쉴드 공법의 용도는?

원래 터널이라 하면 산속의 단단한 암반을 뚫어서 만드는 것이라는 인식이 강한데, 물이 있는 토사 지반에 터널을 굴착한다든지 교통량이 많은 도로 밑에 터널 굴착으로 쉴드 공법이 개발되었다. 주로 산악 터널 공법은 단단한 지반을 굴착하는 것으로, 쉴드 공법은 연약한 지반을 굴착하는 것으로 각각 나누어져 있었다. 그러나 최근에는 산악 터널 공법과 쉴드 공법의 용도가 모호해졌다. 특히 도시부의 토사지반 터널이 산악 터널 공법(NATM)으로 시공되는 예가 늘어나고 있다. 종래에는 쉴드 공법을 적용하는 지반으로 구분되던 지질이나 환경조건에서도 산악 터널 공법을 사용하고 있다. 이와 더불어 쉴드 공법은 매우 다양한 지반조건이나 터널 형상에 대응이 가능하도록 기술개발을 진행하고 있다.

여기서 산악 터널 공법과 쉴드 공법을 비교해보자. 먼저, 터널 시공연장에 대해서는 산악 공법은 제약이 없으나 쉴드 공법의 경우는 1km 이상이 아니면 경제적이지 못하다. 터널 단면이나 선형에 대해서는 산악 공법은 임의의 단면으로 굴착이 가능하다. 쉴드 공법은 원형단면이 기본이며, 반원, 타원, 다원단면 정도가 가능하였으나, 최근에는 사각형에 가까운 단면도 굴착할 수 있게 되었다. 선형은 산악 공법의 경우에는 특별한 제약은 없지만, 쉴드 공법의 경우는 곡률 반경이 쉴드 외경의 3배 정도까지의 급곡선이 한계이다.

굴착 가능한 최소 토피는 산악 공법에서는 보조 공법을 사용하여 3m 정도가 기본이나, 쉴드 공법에서는 터널 직경의 1~1.5배 정도는 보조 공법 없이도 굴착이 가능하다.

지질에서 산악 공법은 경암에서 신생대 제3기의 연암까지 폭넓은 지반에 대응 가능하며, 조건에 따라서는 홍적층에도 적용되나, 쉴드 공법은 충적층, 홍적층에서 제3기층의 미고결 지반 정도까지 적용된다. 지하수는 산악 공법에서 물 빼기공이나 차수공이 필요한 반면, 쉴드 공법은 밀폐형으로 굴착하기 때문에 지하수위 저하대책을 세우지 않고도 시공할 수 있다.

이상과 같이 지반조건에 따라 공법의 사용을 달리할 필요가 있다. 즉, 산악 터널 공법은 일축 압축 강도가 0.1MPa 이상이고 변형계수가 10MPa 이상인 곳이 바람직하며, 홍적층 이상의 고결도를 가진 지하수위가 적은 지반에 적용할 수 있으며, 지반조건이 나쁜 경우에는 쉴드 공법이 적용된다고 할 수 있다.

각각의 공법에는 특징이 있기 때문에, 상호 보완하여 보다 안전하고 시공성이 좋은, 그리고 경제적인 기계화 시공법을 목표로 현재 기술개발이 지속적으로 진행된다.

참고문헌

1. 터널의 일반

1) 水谷敏則・竹下亜夫・志田亘編著：地下空間を拓く, 山海堂.
2) K. チェッキー(島田隆夫訳)：トンネル工学, 鹿島出版会.
3) 土質工学用語辞典, 地盤工学会.
4) 鹿島建設編：建設博物誌, 鹿島出版会.
5) 定塚正行・竹内泰雄編：新版技術士を目指して《建設部門》9巻 トンネル, 山海堂.
6) 彰国社編：建築大辞典, 彰国社.
7) ノリス・マクワーター編：ギネスブック1986年版(日本語訳), 講談社
8) ティム・フットマン編・田中孝顕(日本語版監修)：ギネスブック 2001, きこ書房.
9) 森田武士：土木屋さんの仕事 トンネル, 三水社.
10) 土木学会関西支部編：地盤の科学, 講談社ブルーバックス.
11) 土木工学ハンドブック 第40編原子力施設, 土木学会.
12) 核燃料サイクル開発機構：わが国における高レベル放射性産業物 地層処分の技術的信頼性–地層処分研究開発第2次取りまと

めー, 1999年.
13) 天野礼二·長友成樹編著：新体系土木工学 70 トンネル (1)−山岳トンネル−, 技報堂出版.
14) 最先端の月面基地構想, 読売新聞, 1988年 5月 30日.
15) 岩田勉：有人月面基地の無人建設, 将来の宇宙活動ワークショップ 88.
16) 国土庁：大深度地下の公共的使用に関する特別措置法, 2000年 7月.
17) 佐藤寿延, 益田浩：「大深度地下の公共的使用に関する特別措置法」について, 月刊建設オピニオン 7月号, pp.19~29, 2000年 7月.
18) 国土庁大深度地下利用研究会編著：大深度地下利用の課題と展望, ぎょうせい.
19) 住宅基礎の設計ガイドブック 建築技術 2000年 7月号「別冊」.
20) トンネルの標準示方書[山岳工法編]·同解説, 土木学会.
21) 鎌田薫：大深度地下利用と土地所有権, 月刊建設オピニオン 7月号, pp.38~41, 2000年 7月.
22) 水越達雄：土木施工法講座 電力土木施工法, 山海堂.
23) H·カスナー：トンネルの力学, 森北出版.
24) ずい道等建設工事における換気技術指針, 建設業労働災害防止協会.
25) 「トンネルと地下」編集委員会：NATMの理論と実際, 土木工学社.
26) 最新トンネルハンドブック, 建設業調査会.
27) 三木幸蔵：わかりやすい岩石と岩盤の知識, 鹿島出版会.
28) 道路トンネル技術基準(構造編)·同解説, 日本道路協会.
29) 藤田圭一監修：土木現場実用語辞典, 井上書院.
30) ミラノ国際トンネル会議·欧州トンネル現場視察, トンネルと地下 第32巻11号, 土木工学社, pp.1011~1021, 2001年 11月.

2. 터널의 역사

1) 天野礼二·長友成樹編著 : 新体系土木工学 70 トンネル (1)−山岳トンネル−, 技報堂出版
2) 土木学会関西支部編 : 地盤の科学, 講談社ブルーーバックス.
3) NHKテクノパワープロジェクト : 巨大建設の時代 4 地底を拓く, NHK出版.
4) K.チェッキー(島田隆夫訳) : トンネル工学, 鹿島出版会.
5) 鹿島建設編 : 建設博物誌, 鹿島出版会.
6) 松村明編 : 大辞林 第 2版, 三省堂.
7) 森田武士 : 土木屋さんの仕事 トンネル 三水社.
8) 為国孝敏 : 身近な土木の歴史, 東洋書店.
9) 青函トンネルの注入技術, 土木学会.
10) 吉村恒監修, 横山章·下河内稔·須賀武 : トンネルものがたり, 山海堂.
11) 田村喜子 : 土木のこころ, 山海堂.
12) 日本鉄道建設公団 : 青函トンネル技術のすべて, 鉄道界図書出版.
13) 最新トンネルハンドブック, 建設業調査会.
14) 三木幸蔵 : わかりやすい岩石と岩盤の知識, 鹿島出版会.
15) 道路トンネル技術基準(構造編)·同解説, 日本道路協会.
16) トンネル標準示方書「山岳工法編」·同解説, 土木学会.
17) 藤田圭一監修 : 土木現場実用語辞典, 井上書院.
18) 定塚正行·竹内泰雄編 : 新版技術士を目指して ≪建設部門≫ 9巻トンネル, 山海堂.
19) 鉄道省熱海建設事務所 : 丹那トンネルの話(復刻版).
20) 土木学会 : 明治以前日本土木史, 岩波書店.

21) 長尾義三：物語日本の土木史一大地を築いた男たち, 鹿島出版会.
22) 篠原修：土木造形家百年の仕事 近代土木遺産を訪ねて, 新潮社.

3. 터널의 조사 · 설계

1) 鹿島建設土木設計本部編：トンネル / 土地造成 / 景観設計 / 土木設計の要点 ⑤, 鹿島出版会.
2) 森川誠司, 松川剛一：現場に見る施工技術－近接施工と情報化施工－ 近接施工における解析技術の基礎知識, 土木施工 39巻 8号, 山海堂, 1998年.
3) 定塚正行 · 竹内泰雄編：新版技術士を目指して ≪建設部門≫ 9巻 トンネル, 山海堂.
4) 森田武士：土木屋さんの仕事 トンネル, 三水社.
5) 鹿島建設編：建設博物誌, 鹿島出版会.
6) 第53回土木学会年次学術講演会講演集(1998年), 土木学会.
7) 岩の調査と試験, 地盤工学会.
8) 地盤工学ハンドブック, 地盤工学会.
9) NATM工法の調査 · 設計から施工まで, 地盤工学会.
10) NATMにおける予測と実際, 地盤工学会.
11) 櫻井春輔：現場計測と逆解析, 第１回地盤工学における数値解析セミナーテキスト, 日本科学技術連盟, pp.11～19, 1984年.
12) 近接施工技術総覧, 産業技術サービスセンター.
13) 土質工学用語辞典, 地盤工学会.
14) 山口梅太郎 · 西松裕一, 岩石力学入門, 東京大学出版会.
15) 岩の工学的性質と設計 · 施工への応用, 地盤工学会.

16) 新村出編：広辞苑 第三版, 岩波書店.
17) 地学団体研究会編：新版 地学辞典, 平凡社.
18) 吉中龍之進・櫻井春輔・菊池宏吉編著：岩盤分類とその適用, 土木工学社.
19) 道路トンネル維持管理便覧, 日本道路協会.
20) 「トンネルと地下」編集委員会：NATMの理論と実際, 土木工学社.
21) 最新トンネルハンドブック, 建設業調査会.
22) 三木幸蔵：わかりやすい岩石と岩盤の知識, 鹿島出版会.
23) 道路トンネル技術基準(構造編)・同解説, 日本道路協会.
24) トンネル標準示方書「山岳工法編」・同解説, 土木学会.
25) 藤田圭一監修：土木現場実用用語辞典, 井上書院.

4. 터널 시공

1) 新村出編：広辞苑 第五版, 岩波出版.
2) 百科事典 マイペディア IC 辞書版.
3) 日経コンストラクション, 2001年 2月 23日号, 日経 BP 社.
4) 2001年制定 コンクリート標準示方書(維持管理編), 土木学会.
5) 新体系土木工学 36 コンクリートの維持・補修・取壊し, 土木学会.
6) 道路トンネル維持管理便覧, 日本道路協会.
7) トンネル補強・補修マニュアル, 鉄道総合技術研究所.
8) 変状トンネル対策工設計マニュアル, 鉄道総合技術研究所.
9) 土木学会岩盤力学委員会編：大規模地下空洞の情報化施工, 土木学会.
10) H・カスナー：トンネルの力学, 森北出版.

11) ケーブルボルトに関する調査報告書, ジェオフロンテ研究会.
12) 割岩工法に関する報告書, ジェオフロンテ研究会.
13) シングルシェル適用に関する検討報告書, ジェオフロンテ研究会.
14) 電力施設地下構造物の設計と施工, 電力土木技術協会.
15) トンネルの吹付コンクリート, 日本トンネル技術協会.
16) ずい道等建設工事における換気技術指針, 建設業労働災害防止協会.
17) 既設トンネル近接施工対策マニュアル, 鉄道総合技術研究所.
18) 最新トンネルハンドブック, 建設業調査会.
19) 三木幸蔵 : わかりやすい岩石と岩盤の知識, 鹿島出版会.
20) 道路トンネル技術基準(構造編)・同解説, 日本道路協会.
21) トンネル標準示方書「山岳工法編」・同解説, 土木学会.
22) 藤田圭一監修 : 土木現場実用用語辞典, 井上書院.
23) 定塚正行・竹内泰雄編 : 新版技術士を目指して ≪建設部門≫ 9巻 トンネル, 山海堂.

칼럼

칼럼-1

鹿島建設編 : 建設博物誌, 鹿島出版会.

재미있는 터널 이야기

초판인쇄 2014년 3월 4일
초판발행 2014년 3월 11일

저　　자 오가사와라 미츠마사(小笠原光雅), 사카이 구니토(酒井邦登), 모리카와 세이지(森川誠司)
역　　자 이승호, 윤지선, 박시현, 신용석
펴 낸 이 김성배
펴 낸 곳 도서출판 씨아이알

책임편집 박영지, 최장미
디 자 인 윤지환, 윤미경
제작책임 김문갑

등록번호 제2-3285호
등 록 일 2001년 3월 19일
주　　소 (04626) 서울특별시 중구 필동로8길 43(예장동 1-151)
전화번호 02-2275-8603(대표)
팩스번호 02-2265-9394
홈페이지 www.circom.co.kr

I S B N 979-11-5610-036-2 93530
정　　가 16,000원